今日から
モノ知り
シリーズ

トコトンやさしい

デジタル回路の本

鈴木大三
鈴木八十二　著

ICカード、スマホ、デジタルカメラ、液晶テレビなど、電子機器の高性能化に欠かせないのがデジタル回路。本書は、はじめてデジタル回路を学ぶ人が、その代表的な回路の特性や仕組み、回路設計の基本などを理解するための本。

B&Tブックス
日刊工業新聞社

はじめに

デジタル回路を用いた大規模集積回路(Large Scale Integrated Circuits：LSI)は、私たち身の廻りの電子機器を小型、軽量、低消費電力化などへ変貌させ、我々の生活にとって必要不可欠な電子機器を提供しています。

このデジタル回路は、汎用ロジック集積回路(Integrated Circuits：IC)とともに進化し、さまざまな回路を生み出し、各種電子機器を実現してきました。例えば、メカ式時計から電子式デジタル時計へ、そろばんから電卓へ、据え置き電話から携帯電話、あるいは、スマートフォンへ、銀塩カメラ(アナログフィルム使用カメラ)からデジタルカメラへ、ブラウン管テレビから液晶テレビへ、車や船の位置情報を知らせるナビシステム、そして、銀行等のICカードなどへ、その応用範囲は無限に広がっています。

このように、デジタルは我々生活に与える影響が大ですが、人間が聞く、話す、見るなどの感覚がアナログですのでアナログとデジタルとの共存、つまり、アナデジ混在が必要になっています。

本書では、デジタル回路を初めて学ぶ方、もう少しデジタル回路を習得したい方々を対象にしています。また、デジタル回路のアナログ的な特殊回路(例えば、発振器、ノイズを避ける回路、レベル変換回路、チャージポンプ回路など)も解説しています。なお、パソコン(コンピュータ)によるデジタル回路の機能検証(Verilog HDL®：Cadence Design Systems社の登録商標、または、商標)や回路の動作特性解析(HSPICE®：シノプシス社の登録商標、または、商標)についても

概説しています。

本書は左記のような分担で共同執筆しております。

① 鈴木　大三……序章、第1章～第4章
② 鈴木八十二……第5章～第8章、終章

終わりに、多くの方々の著書、文献、関連資料などを参考にさせて戴きました。ここに、厚く御礼を申し上げるとともに執筆にご協力を戴きました㈲有明電装　代表取締役　黒田睦生氏、統括マネージャー　大嶋　大氏を始めとする関係諸氏に深く感謝申し上げます。また、発刊に際して御世話になりました日刊工業新聞社・鈴木　徹氏、北川　元氏を始めとする関係諸氏に厚く御礼を申し上げます。

2015年(H27年)3月

鈴木　八十二　記す！

目次 CONTENTS

はじめに

序章 アナログ、デジタルってなぁーに？

1 身の廻りにあるアナログとデジタル（アナログ量、デジタル量） …… 8
2 人は話す、見る、聞くなどアナログで行なう（アナログ量からデジタルへ変換するには？） …… 10
3 アナログとデジタルの関係（人間の見る、聞くはアナログ量で感知） …… 12
4 時の流れとともに電子機器は変わってきた（性能向上化したアナ・デジ混在型電子機器） …… 14

第1章 デジタル回路ってなぁーに？

5 デジタル回路とは？（デジタル回路は素子スイッチのオンオフで動作） …… 18
6 デジタルの数え方（デジタルは両手で1023まで数えられる） …… 20
7 デジタルの符号による数え方（デジタルは符号による数値表示） …… 22
8 デジタル信号とは？（デジタル信号の見方） …… 24
9 デジタル回路は汎用ロジックとともに進化（成長するデジタル回路） …… 26

第2章 デジタル回路のための数学

10 デジタル回路はブール代数で作る（ブール代数は代数学と同じ） …… 30
11 ブール代数を用いて回路を簡単にする方法（式による回路の作り方） …… 32
12 真理値表を用いて回路を作るには？（真理値表による回路の作り方） …… 34
13 図を用いて回路を簡単にするには？——その1（図による回路の作り方①） …… 36
14 図を用いて回路を簡単にするには？——その2（図による回路の作り方②） …… 38

第3章 情報（データ）記憶能力をもたないデジタル回路

15 いろいろなタイプのデジタル回路がある（組み合せ論理回路と順序論理回路） …… 42
16 ゲートは、否定回路、スルー回路がベース（否定回路、スルー回路） …… 44

第4章 情報(データ)記憶能力をもつデジタル回路

- よく用いられるAND、NANDゲート(論理積、論理積否定ゲート) ……17
- よく用いられるOR、NORゲート(論理和、論理和否定ゲート) ……18
- 一致、不一致はどのように行なうの?(一致回路、不一致回路) ……19
- 比較はどのように行なうの?(大小比較回路と位相比較回路) ……20
- 多数決はどのように行なうの?(多数決論理回路) ……21
- コード変換ってなぁーに?……その1(Decimal-BCDエンコーダ) ……22
- コード変換ってなぁーに?……その2(BCD-Decimalデコーダ) ……23
- コード変換ってなぁーに?……その3(BCD-7セグメントデコーダ) ……24
- 電子スイッチってなぁーに?……その1(マルチプレクサ) ……25
- 電子スイッチってなぁーに?……その2(デ・マルチプレクサ) ……26
- 情報を一時記憶するデジタル回路とは?……その1(非同期式RS-FF) ……27
- 情報を一時記憶するデジタル回路とは?……その2(同期式RS-FF) ……28
- 情報を一時記憶するデジタル回路とは?……その3(優先型RS-FF) ……29
- データを一時捕獲するラッチってなぁーに?(ラッチ回路) ……30
- 遅延するフリップフロップってなぁーに?……その1(MS型D-FF) ……31
- 遅延するフリップフロップってなぁーに?……その2(MS型JK-FF) ……32
- フリップフロップの簡単な応用(ゲート付フリップフロップ) ……33
- メモリとして使われるシフトレジスタってなぁーに?(シフトレジスタ) ……34

第5章 時間をカウントするデジタル回路

- 時間を計数するデジタル回路とは?(電子時計に使われるデジタル回路) ……35
- 周波数を低減する分周器ってなぁーに?(バイナリカウンタ／2進カウンタ) ……36

第6章 計算するデジタル回路

- 計数するカウンタってなぁーに？（カウンタにはダウンとアップがある） …… 37
- ダウン／アップカウンタとは？（リップルキャリー型バイナリカウンタ） …… 38
- 10進、6進ダウンカウンタとは？（リップルキャリー型ダウンカウンタ） …… 39
- 10進、6進アップカウンタとは？（リップルキャリー型アップカウンタ） …… 40
- 同期式ダウンカウンタとは？（同期式ダウンカウンタ） …… 41
- 同期式アップカウンタとは？（同期式アップカウンタ） …… 42
- シフトカウンタってなぁーに？（ジョンソンカウンタ） …… 43
- リングカウンタってなぁーに？（$n+1$進リングカウンタ） …… 44
- ポリノミアルカウンタってなぁーに？（2^n-1進ポリノミアルカウンタ） …… 45
- デジタル計算はどうするの？（計算する半加算器、半減算器） …… 46
- 桁上げ桁借り入力をもつ加算器、減算器とは？（1ビット全加算器、全減算器） …… 47
- 1、4ビット全加算器の違いってなぁーに？（1、4ビット全加算器） …… 48
- 演算処理する回路の集まりマイコンとは？（8ビットマイコン） …… 49

第7章 デジタル回路に不可欠なメモリ

- メモリってなぁーに？（MOSメモリには、いろいろなタイプがある） …… 50
- 揮発性メモリとは？（DRAM、SRAM） …… 51
- 不揮発性メモリとは？（EP-ROM、E²P-ROM、フラッシュE²P-ROM） …… 52

第8章 他の種々なるデジタル回路

- 基準になるクロック信号発生回路とは？（CR発振器） …… 53
- 水晶振動子を用いたクロック信号発生回路とは？（水晶発振回路） …… 54
- 入力ノイズを避ける回路とは？──その1（シュミットトリガー回路） …… 55
- 入力ノイズを避ける回路とは？──その2（チャタリング防止回路） …… 56

終章 パソコンによる回路作成

- 57 所望するパルス幅を得る回路とは?(単安定マルチバイブレータ)……136
- 58 異なる電圧レベル信号を変えるには?(レベル変換回路)……138
- 59 低い電圧を高い電圧に上げることはできるの?(チャージポンプ回路)……140
- 60 マイコン・バスラインにデータを載せるには?(トライステート®回路)……142
- 61 パソコンによる回路作成ってなぁーに?(Verilog HDL®、SPICE®)……146
- 62 NANDゲートをVerilog HDL®で検証すると(NANDゲートの検証)……148
- 63 D-FFをVerilog HDL®で検証すると(D-FFの検証)……150
- 64 バイナリカウンタをVerilog HDL®で検証すると(2進カウンタの検証)……152
- 65 RC回路(積分回路)をSPICE®で解析すると(RC回路の解析)……154
- 66 CR発振器をSPICE®で解析すると(CR発振器の解析)……156

[コラム]

- ❶ 携帯電話の未来はどうなるの?(携帯電話の歴史)……16
- ❶ 汎用ロジックICは万能なの?(汎用ロジックICの変遷)……28
- ❷ 基本デジタル回路のいろいろ(各種基本論理回路)……40
- ❸ 伝送ゲートってなぁーに?(アナログスイッチ)……66
- ❹ クロックドCMOSインバータってなぁーに?(C²MOS®)……84
- ❺ プログラムできるICってあるの?(FPLD)……108
- ❻ ゲートアレイってなぁーに?(ASIC)……118
- ❼ CMOS素子の構造ってどうなっているの?(各種ウェルをもつCMOS)……126
- ❽ 特性解析に必要な素子パラメータ(素子パラメータ)……144

参考文献……158

序章

アナログ、デジタルって なぁーに？
(アナ・デジ時代がやってきた！)

● 序章　アナログ、デジタルってなぁーに？(アナ・デジ時代がやってきた)

1 身の廻りにあるアナログとデジタル

アナログ量、デジタル量

私たちの身の廻りを取り巻く量は、大部分が連続して変わっていきます。例えば、時刻は時間の変化で、この変化を時々刻々表示するものが"時計"です（図1参照）。この時計には"アナログ時計"と"デジタル時計"があり、前者のアナログ時計は長針と短針があり、その針の角度によって時刻を読み取り、見れば直ぐにわかるもの（直視型時計）です。後者のデジタル時計は時刻がズバリ、数字によって表わされるもの（直読型時計）です。したがって、アナログ時計とデジタル時計は「量的に見るのか？」、「数的に見るのか？」の違いと言っても良いでしょう。

この時計のように長短針角度、あるいは、物の長さ、温度など量的に扱うものを"アナログ量"と呼び、飛び飛びの数的に扱うものを"デジタル量"と呼んでいます。

このアナログ量とデジタル量混在の電子機器は、パソコン(マイクロコンピュータ)などで代表されます。

例えば、マイクロコンピュータは、人間のキー操作によって入力された入力データがデジタルからデジタルへ変換され、あるいは、音声等によって入力された入力データがアナログからデジタルへ変換（AD変換：Analog to Digital Converter）され、演算器（マイクロプロセッサ等）、メモリなどの電子回路に送り込まれて処理され、その処理結果がデジタルからアナログへ変換（DA変換：Digital to Analog Converter）されて出力データになります。この出力データは、液晶ディスプレイのような表示装置によって処理結果を見ることになります（図2参照）。

このように現在の電子機器には、アナログ量とデジタル量が混在し、私たちの生活に利便性を与えているのです。

> **要点BOX**
> ● 私たちの身の廻りを取り巻く量には、アナログ量とデジタル量があり、アナログ量は量的に見るもの、デジタル量は数的に見るもののこと。

図1　アナログ時計とデジタル時計

(a) アナログ時計　　(b) デジタル時計

図2　マイクロコンピュータシステム

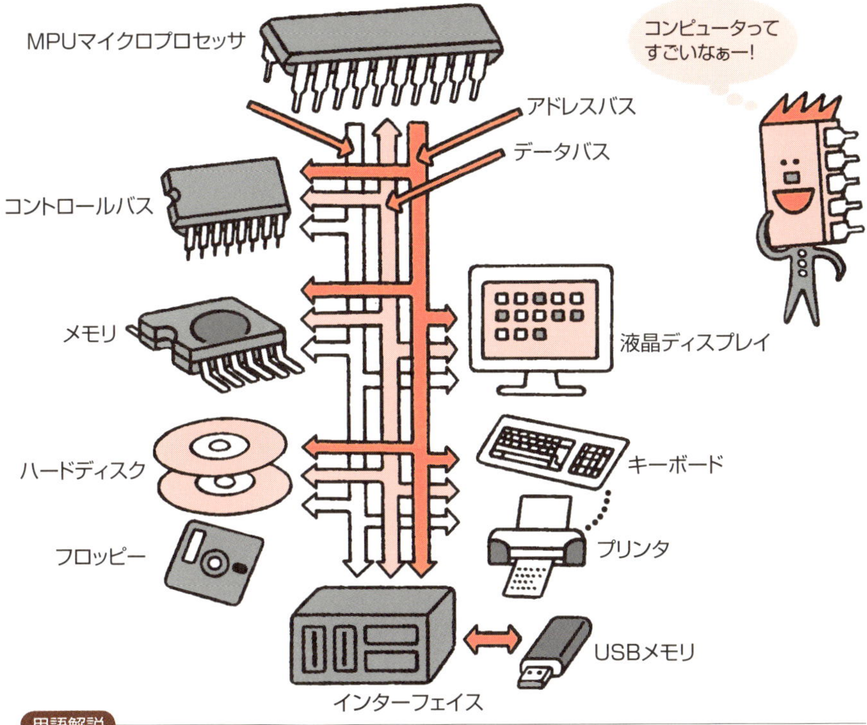

MPUマイクロプロセッサ
アドレスバス
データバス
コントロールバス
メモリ
液晶ディスプレイ
ハードディスク
キーボード
フロッピー
プリンタ
インターフェイス
USBメモリ

コンピュータってすごいなぁー!

用語解説

MPU（Micro-processing Unit）：基本的な演算処理を行なう中央処理装置を"CPU"と呼び、このCPUとメモリや周辺回路などを集積化したものを"MPU"と呼びます。近年、"CPU"、"プロセッサ"、"マイクロプロセッサ"、"MPU"は、ほぼ同義語として使われています。なお本来、"プロセッサ"は処理装置の総称です。

アドレスバス（Address Bus）、データバス（Data Bus）、コントロールバス（Control Bus）：アドレスバスはコンピュータ内部のデジタル信号の伝送路（バス）の一部で、データの読み出し、書き込みを行なうメモリ上のアドレス（所在地）信号を伝送するものです。これに対し、データ信号を伝送するためのものをデータバス、タイミングなどの制御信号を伝送するためのものをコントロールバス（制御バス）と呼びます。

● 序章　アナログ、デジタルってなぁーに？(アナ・デジ時代がやってきた)

2 人は話す、見る、聞くなどアナログで行なう

アナログからデジタルへ変換するには？

アナログとは "相似" とか、"類似" と言う意味があり、数えられないもの、直視するものを指します。情報社会では、データを連続的に変化として表わすことを "アナログ表現" と呼んでいます。例えば、人の声は空気の振動（信号の波）ですので、その振動を聴覚で聞き取ります。手近な方法として、マイクロフォンと電気的増幅器によって音声を電圧（電流）の強弱に変え、その振動している電気信号をスピーカによって聞き取ります（図1(a)参照）。この音声の電気的強弱の変化を "アナログ量（アナログ信号）" と呼びます（図1(b)参照）。

一方、デジタルとは "指" と言う意味があり、数えられるもの、直読するものを指します。情報社会では、データを不連続的な変化として表わすことを "デジタル表現" と呼んでいます。例えば、前述した人の声の電気的振動をいくつかに分割した一定のステップで数え、それを符号化列（これを "パルス" と呼ぶ）に置き換え、

音声の電気的強弱の変化を "デジタル量" に変換します（図1(c)参照）。この表現は、パルスコード変調（PCM：Pulse Code Modulation）と呼ばれるデジタル表現の一つで、AD変換器などに用いられます。

一方、アナログ電圧において、ある電圧より高いレベルを "1"、低いレベルを "0" と表現する方法もあります（図2参照）。

いずれの方法も "1" と "0" の2値レベルを用い、"1" を「電気のあるレベル」、"0" を「電気のないレベル」（後述では、電気のオンオフ）に対応させて表現し、"1"、"0" のペアー（対）を "ビット" と呼び、"2値論理" と呼びます。

さて、人は話す（音声）以外に、見る、聞くなどアナログで行ないます。また、最近の電子機器は、主にデジタルで処理します。したがって、アナログ量とデジタル量の扱いが重要になってきます。

要点BOX
● データを連続的に変化として表わすことを "アナログ表現"。一方、データを不連続的な変化として表わすことを "デジタル表現" と呼ぶ。

図1　音声のアナログ表現とデジタル表現

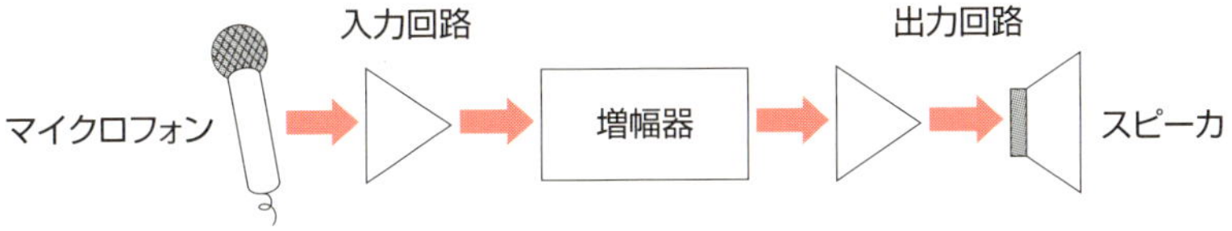

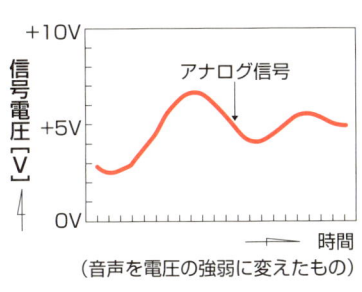

(a) 人の声(アナログ量)はマイク、増幅器を通して聞こえます。

(音声を電圧の強弱に変えたもの)

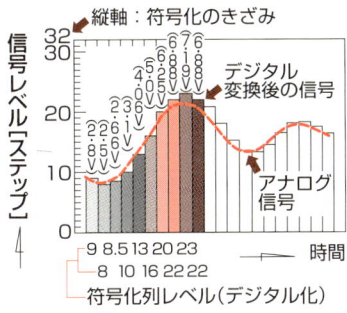

(b) アナログ表現

(c) デジタル表現

図2　アナログ信号とデジタル信号

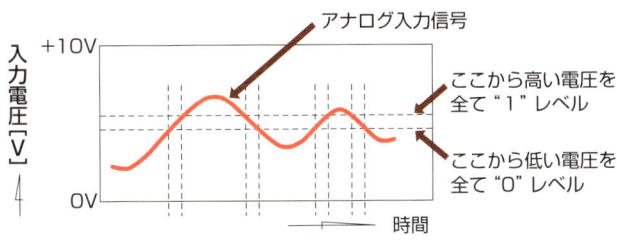

(a) アナログ信号

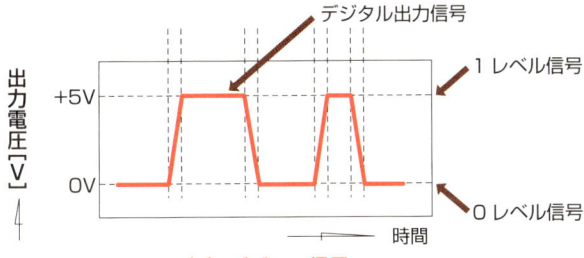

(b) デジタル信号

用語解説

PCM (Pulse Code Modulation)：パルス符号変調と呼ばれ、音声などのアナログ信号をデジタル信号に変換する方式の一つです。この方式は、信号を一定時間ごとに標本化(サンプリング)し、定められたビット数の整数値に量子化して記録します。記録されたデジタル信号の品質は、1秒間に何回数値化するか(サンプリング周波数)とデータを何ビットの数値で表現するか(量子化ビット数)で決まります。

● 序章　アナログ、デジタルってなぁーに？(アナ・デジ時代がやってきた)

3 アナログとデジタルの関係

人間の見る、聞くはアナログ量で感知

アナログ回路とデジタル回路の関係を人の声の録音、再生で見てみましょう。

人の声は、時々刻々変化するアナログ量です。この人の声は、大きさによって雑音（ノイズ）が邪魔しますのでフィルタを通して声と雑音との比（S／N比）を改善し、アナログ信号をデジタル信号へ変換する回路（変調回路）へ送り込みます。この変調回路によってデジタル信号になった声の信号を制御回路（コントロール回路）の命令でデータ記憶回路（メモリ）へ書き込み、保存します。書き込まれたデータは、再生する指示がありますと制御回路の命令で順次、読み出されてデジタル信号から制御回路の命令でアナログ信号へ変換する回路（復調回路）へ送り込まれます。この復調回路によってアナログ信号になった声の信号は、変換に伴う雑音を含みますのでフィルタを通して雑音を軽減し、その後、パワーアンプによって増幅してスピーカから出力し、声として聴くことになります（図1参照）。

つまり、変復調回路によって人の声であるアナログ量がデジタル量へ変換され、デジタル量で処理記憶され、必要に応じて読み出されてデジタル量がアナログ量へ変換され、声として聴くことができるのです。

このように、人間の見る（視覚）、聞く（聴覚）等は、デジタル量での感知ができませんのでアナログ量で感知します。またデジタル技術は、アナログ技術に比べて損失が少なく、正確な処理が行なえます。したがって、人と電子機器などの接点においてアナログ → デジタル（AD変換）、デジタル → アナログ（DA変換）への変換が重要になります（図2参照）。

要点BOX
● 電子機器にはAD変換器とDA変換器が重要な要素。

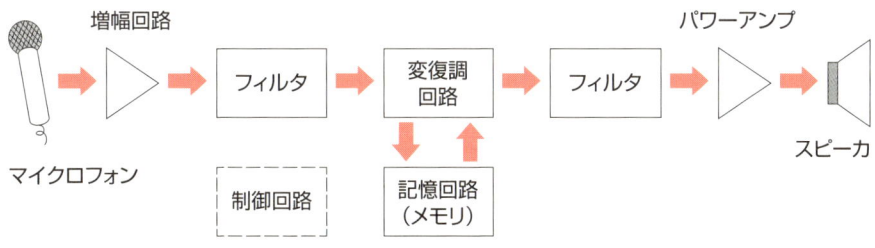

(a) 人の声を録音、再生するための音声・デジタルシステム

出典：鈴木八十二編著、"デジタル音声合成器の設計"、電子科学シリーズ 97、産報出版、1982年7月

(b) テープレス・レコーダ（デジタル音声合成システム）

図2　アナログ回路とデジタル回路の関係とは？

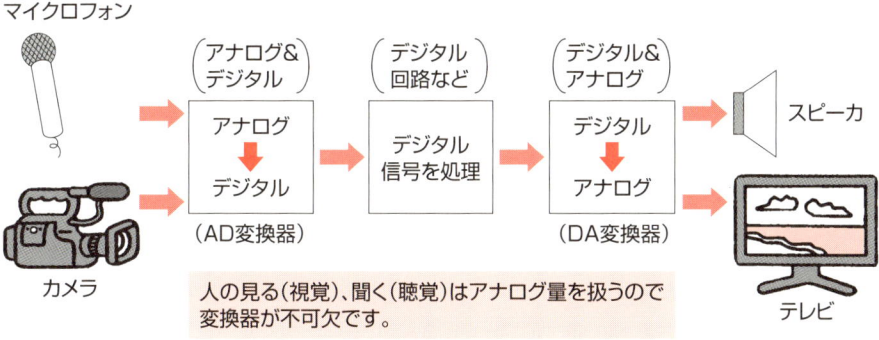

人の見る（視覚）、聞く（聴覚）はアナログ量を扱うので変換器が不可欠です。

用語解説

S/N比(Signal to Noise Ratio：SNR)：データ信号に対するノイズ（雑音）の量を対数で表わしたもの、つまり、基準信号を入力した時の出力レベル（信号レベル）と入力信号なしの時の出力レベル（雑音レベル）との比をdB（デシベル）で表わしたもので、この数値が大きい程、雑音が少なく高品質のデータ信号が得られることを意味します。
DA変換器(Digital to Analog Converter)、AD変換器(Analog-to-Digital Converter)：前者はデジタル信号をアナログ信号に変換する回路、後者はアナログ信号をデジタル信号に変換する回路です。

● 序章　アナログ、デジタルってなぁーに?(アナ・デジ時代がやってきた)

4 時の流れとともに電子機器は変わってきた

性能向上化したアナ・デジ混在型電子機器

私たち身の廻りにある電子機器は、時の流れとともにアナログ型からデジタル型へ、また、アナログ・デジタル混在型へと変わってきています。

例えば、"そろばん"は"電卓"へ、さらに、"パソコン"へ(図1参照)、"メカ式時計"は"デジタル時計"へ、この時計の極小消費電力特性を生かしたアナログ・デジタル混在型"ICカード"、あるいは、"携帯電話"へ、また、銀塩フィルムを用いた"銀塩カメラ"からフラッシュメモリを用いた"デジタル・カメラ"へ、"ブラウン管表示アナログ・テレビ"から"液晶表示デジタル・テレビ"へ(図2参照)。さらに、宇宙空間にあるGPS(Global Positioning System Satellite：全地球測位システム)衛星を用いた車や船などの位置情報を知らせる"ナビゲーション・システム"などへ応用範囲が広がってきており、デジタル技術が進化してきています。

このデジタル技術は、小型軽量だけでなく低消費電力化を実現し、私たち身の廻りにある電子機器を、よ

り高性能化"し、"より便利"な生活が送れるようになってきています。

例えば、電卓の消費電力をみてみますと、1960年100Wであった電卓が1990年頃には数μWつまり、約1億分の1へと消費電力が低減してきました。また、時計の消費電力をみてみますと、電池駆動にするために0.6μA(約1μW)、と極小消費電力になっています(図3参照)。

このように、電卓、時計の消費電力が数μWになったのはアナログ・デジタル回路の最適化と大規模集積回路(LSI)化などの寄与によるものと思われます。

今後、"アナ・デジ・デジタル技術の進化"によって、"より良い電子機器"が生まれて来るものと思われます。

要点BOX
●私たち身の廻りにある電子機器は、時の流れとともにアナログ型からデジタル型へ、また、アナログ・デジタル混在型へと変わってきている。

図1　"そろばん"から"電卓"、そして"パソコン"へ、計算機能は向上

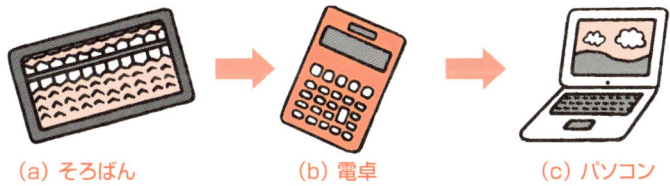

(a) そろばん　　(b) 電卓　　(c) パソコン

図2　"ICカード"、"携帯電話"、"デジタル・カメラ"、"液晶テレビ"など電子機器の高性能化

樹脂カード→ICカード

アナログ→デジタル携帯電話

銀塩フィルムカメラ→デジタル・カメラ

アナログビデオカメラ→デジタルビデオカメラ

ブラウン管アナログ・テレビ→デジタル液晶テレビ

図3　"電卓"、"時計"の極小低消費電力特性変遷

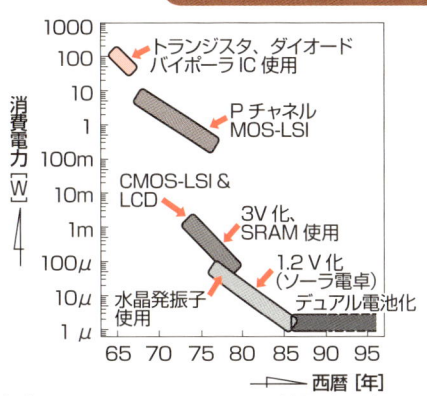

(注) LCD:Liquid Crystal Display、液晶ディスプレイ
　　 SRAM:Static Random Memory

(a) 電卓の性能変遷

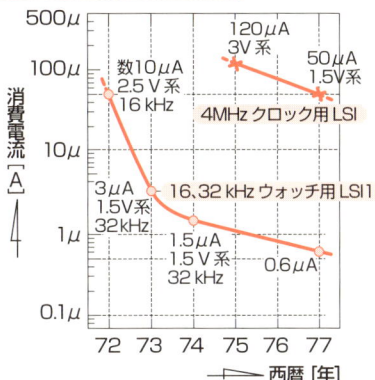

(注) 電池の寿命から低消費電力が要求されます。

(b) 時計の性能変遷

用語解説

ICカード (IC Card)：スマートカード (Smart Card) とも呼ばれ、プラスチック製カードに極めて薄い半導体集積回路を埋め込み、情報を記録できるようにしたカードをさします。電子マネーやテレホンカードなどに応用され、磁気カードに比べて多くのデータが記録でき、データの暗号化が可能なために偽造にも強い特長をもちます。

銀塩カメラ：銀化合物が光に当たることによって黒化する原理を利用し、その感光材をもつフィルムを露光させることで像を写し撮る方式のカメラをさし、デジタル・カメラと区別するために従来のカメラを"銀塩カメラ"と呼んでいます。

Column ⓪

携帯電話の未来はどうなるの?(携帯電話の歴史)

携帯電話(PHS含む)は、私たちに最も身近なマルチメディア機器の一つです。この携帯電話には多くのデジタル回路が搭載され、様々な機能を提供してくれています。

携帯電話が初めて登場したのは1970年、日本万国博覧会(大阪万博)電気通信館で展示実演されたワイヤレステレホンでした(図1参照)。その後、1979年に自動車電話として全世界で初めての実用化がなされ、さらに、ショルダフォンに変貌し、1987年には手のひらに乗るハンディタイプの無線電話(約900g)が市場に現れ、ようやく"携帯電話"と呼ばれるようになりました。

1990年代に入り、超小型携帯電話が登場し、これまでアナログ方式であった通信方式が徐々にデジタル方式へと変わってきました。

このデジタル化に伴って、様々なサービス(着信メロディ、ショートメッセージ、カメラ、おサイフケータイ、ワンセグなど)が生まれ、1999年には携帯電話からのインターネット接続サービスが始まりました。

一方、世界の携帯電話は、"スマートフォン(スマホ)"へ進化しました。日本のこれまでの携帯電話は、独自の進化を遂げていたために取り残され、ガラパゴス島の生物の進化になぞらえて、"ガラパゴスケータイ(ガラケー)"、もしくは、"ガラケー"と呼ばれるようになりました。その後、日本でもスマホが流通し、ガラケーのような様々な独自サービスの組まれた"ガラパゴススマートフォン(ガラスマ)"へ発展し、それが未だに人気を集めているのです(図2参照)。

今後、携帯電話はどのような方向へいくのでしょうか? 最近、体組成計との連携のようなヘルスケア機能が搭載され始めていますので、今後の携帯電話の動向から目が離せません。

図1 ワイヤレステレホン

図2 スマートフォン

第1章
デジタル回路ってなぁーに？
（デジタル回路の世界）

●第1章 デジタル回路ってなぁーに?(デジタル回路の世界)

5 デジタル回路とは?

デジタル回路は素子スイッチのオンオフで動作

地上波デジタルテレビ放送などを代表とする昨今のデジタル時代において、"デジタル回路"は欠かすことのできない要素技術の一つです。このデジタル回路は、ありとあらゆる製品のコンピュータに組み込まれています(図1参照:コンピュータのプリント基板)。

このデジタル回路は、回路内の二つの動作状態、つまり、"素子スイッチのオン(ON)／オフ(OFF)"を取り扱います。実際には、"電気(電流や電圧)の有無"や、"電気の大小比較"等から二つの動作状態を判断して動作し(2値論理／論理:Logic)、電流や電圧の値そのものを取り扱うわけではありません。

デジタル回路における素子スイッチのオンを"1レベル"(ハイ・Hレベル、または、真)"、オフを"0レベル(ロー・Lレベル、または、偽)"に対応づけて用い、この二つの動作状態を"ビット"と呼びます。ここで、電気レベルの高い方を"1"、低い方を"0"に対応させた場合を"正論理"と呼び、逆に対応した場合を"負論理"と呼びます(図2参照)。また本書は断らない限り、正論理を用い、"1"、"0"を用いることにします。

このデジタル回路は、"1レベル"、"0レベル"のみで動作しますので、ノイズ(雑音信号等)に強い(ノイズの影響を受けにくい)という特徴を持っており、出力値の精度が低下することなどは基本的にありません。

また、"デジタル回路を用いて電子機器等を作るのは難しそう!"と思う方がいるかもしれません。確かにデジタル回路の配線本数は多く、大規模な回路になりがちです。しかし、設計回路図通りに作りさえすれば、"安定した動作が得られ"、誰が作っても同じように動かすことができます。

このようにデジタル回路を用いますと、各種電子機器等が容易に作成できますので、デジタル技術は今後、ますます便利な社会を作るのに貢献していくものと思われます。

要点BOX
●デジタル回路は素子スイッチのオン(ON)／オフ(OFF)、つまり、"1"、"0"で動作(2値論理)。

図1 コンピュータのプリント基板

デジタル回路からなる
デジタルIC群

コンピュータの中身はデジタル回路の集まりだなぁー！

（筆者作成のプリント板）

図2 正論理と負論理

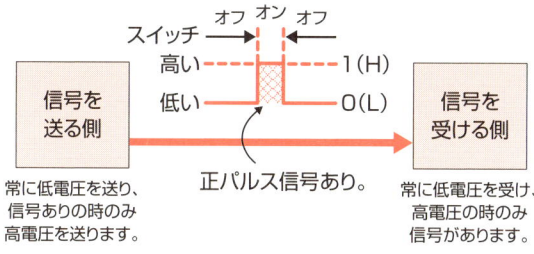

(a) 正論理における信号状態

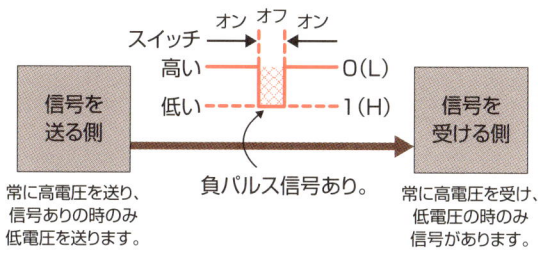

(b) 負論理における信号状態

用語解説

IC：Integrated Circuit の略で、トランジスタ、抵抗、コンデンサ、ダイオードなどの素子を集めて一つの基板上に組み込み、いろいろな機能を持たせた電子回路のことで、1959年に考案され、現在では様々な電子機器に組み込まれています。ICは"集積回路"と訳されています。

プリント基板：樹脂などでできた板状の部品で、電子部品や集積回路(IC)、それらをつなぐ金属配線などを高密度に実装したもので、コンピュータや電子機器の心臓部とも言える重要な部品の一つです。ここで、電子部品が実装されてなく、配線のみで出来ているものを「プリント配線板」、あるいは、「PWB(Printed Wiring Board)」などと呼び、電子部品が実装されて全体として電子機能を有するものを「プリント回路板」、あるいは、「PCB(Printed Circuit Board)」と呼んでいます。

パルス(Pulse)：短時間に急峻な変化する信号の総称で、デジタル回路では一定の幅を持った矩形波のことをパルスと呼んでいます。

● 第1章 デジタル回路ってなぁーに?（デジタル回路の世界）

6 デジタルの数え方

デジタルは両手で1023まで数えられる

デジタルの世界では、人間の扱う数え方が用いられません。それでは、どのような数え方で数えるのでしょうか？

人間は両手の指が10本から成り、指を折った状態を"1"、伸ばした状態を"0"に対応させて数えます。つまり、片手で"5"、両手で"10"まで数えます（図1(a)参照）。この10を一つの単位として、10のべき乗で数えていきます。これを"10進法（Decimal Number）"と呼びます。

一方、デジタル回路では、電気（電流、電圧）のあるを"1"、電気のなしを"0"として対応させ（逆も可）、あるいは、スイッチのオンを"1"、スイッチのオフを"0"として表現します。これを"2進法（Binary Number）"と呼びます。2進法では、指を使ってどのように数えるのでしょうか？ それは、右手の親指、人差し指、中指、薬指、小指、…をそれぞれ"1（=2^0）"、"2（=2^1）"、"4（=2^2）"、"8（=2^3）"、"16

（=2^4）"、…、つまり、2のべき乗（2^n）に対応させて数えます（図1(b)参照）。

例えば、親指と中指の位が対応し、その二つの指の位を折ると、"1"と"4"の位を加算して"5"になります（図2参照）。この2進法"5"の数字を(EDCBA)$_2$=(00101)$_2$と表現し、A～Eを変数、Eを最上位ビット、Aを最下位ビットと呼びます。一例として、10進数の"196"を10進法では(196)$_{10}$、2進法では(1100)(0100)$_2$と表現します（図3参照）。ここで、10進数の0～5を10進法と2進法を使って表現しますと、図4のようになり、10進法と2進法の相違がわかります。

このように、10進法は両手の指で10まで、合せて55の数ですが、2進法では両手の指で512まで、合せて1023（=$2^0+2^1+…+2^9$）と多くの数まで数えられますので、デジタル世界の利点と言えるのです。

要点BOX
●人間は、両手の指で1～10、合せて55の数を、デジタルの世界では、両手の指で1～512、合せて1023の数を!

図1　数の数え方にはいろいろあります（10進法と2進法）。

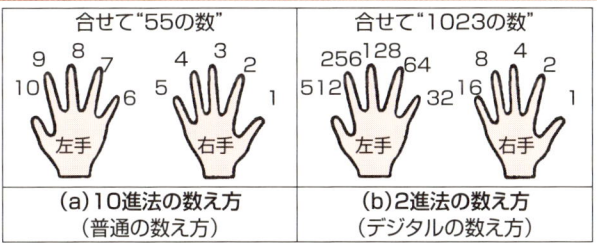

(a) 10進法の数え方　（普通の数え方）
(b) 2進法の数え方　（デジタルの数え方）

図2　数字"5"を10進法と2進法で表現した例

数字"5"  右手
数字"5"  右手

指を折ることを"1" 逆を"0"

(a) 10進法の数え方（普通の数え方）
(b) 2進法の数え方（デジタルの数え方）

図3　10進法と2進法の表現の違い

① 10進法
$$196 = 1\times10^2+9\times10^1+6\times10^0$$
$$= (196)_{10}$$
$$= [(1～9\ の係数)\times(10\ のべき乗)]の総和$$

② 2進法
$$196 =(1\times2^7+1\times2^6+0\times2^5+0\times2^4)+(0\times2^3+1\times2^2+0\times2^1+0\times2^0)$$
$$= (1100)(0100)_2$$
$$= [(0、あるいは、1\ の係数)\times(2\ のべき乗)]の総和$$

図4　数の数え方いろいろ（10進数と2進数）

	0	1	2	3	4	5
10進数の数え方（普通の数え方）	 右手	 ?				
2進数の数え方（指を折ることを"1"逆を"0"）	 右手	 ?				
2進数表示(DCBA)₂	$(0000)_2$	$(0001)_2$	$(0010)_2$	$(0011)_2$	$(0100)_2$	$(0101)_2$

用語解説

ビット（Bit、Binary Digit）：2進法で表現する時の最小桁のことです。情報量の最小単位として用いられ、電気の有無、あるいは、スイッチのオンオフ、つまり、"1"、"0"のことです。

● 第1章 デジタル回路ってなぁーに？（デジタル回路の世界）

7 デジタルの符号による数え方

デジタルは符号による数値表示

私たちが用いる数字（10進数）や文字等の情報をデジタル処理するためには、"1"、"0"で表わされるものを必要があります。その"1"、"0"で表わされるものを"符号（コード）"と呼び、符号に変換することを"符号化（Encoding）"と呼びます。逆に、デジタルで用いる符号を人間の用いる文字や数字に変換することを"復号化（Decoding）"と呼びます。皆さんがDVDやBlu-rayでデータを再生する機器は"デコーダ（復号器：Decoder）"、録画する機器は"エンコーダ（符号器：Encoder）"、総称して"レコーダ（Recorder）"と呼ばれています。

一般の文字や数字を"1"、"0"に対応づける代表的なものに2進化10進コード（BCD符号：Binary Coded Decimal code）があります。このBCD符号は、2進数で10進数を表現する方法です（表1&2参照）。一例として、前述した10進数"196"は2進表記（バイナリ表記）で(1100)(0100)$_2$となります。

また、コンピュータ（ソフト記述）では10進数を16進数に変換した16進表記（ヘキサ表記）を用います。これは、2進数を4ビット単位で区切り、4ビットを一つの数として表現する方法です（図1参照）。例えば、2進数"(1010)(0110)(1101)(1001)"$_2$は16進表記では"A6D9H"になります（図1参照）。

さて、Eメール等で相手に文字を送った時、符号化対応表がなければ文字を完全に復元できません。このために、"文字コード"と呼ばれる文字を符号化する標準・規格があります。代表的なものに"ASCIIコード"、"JISコード"等があり、各言語（英語と日本語の場合）に対応したものですが、万国言語共通コードではありません。したがって、コンピュータによって文字化けすることがありますので、世界で使われている全ての文字を一つに統一する"Unicode（ユニコード）"が普及しつつあり、グローバルな時代に必要不可欠になってきています。

要点BOX
●デジタルでは、1／0で表わして処理し（符号化：Encoding）、逆に、その符号を一般の文字に変換して認識する（復号化：Decoding）。

表1　10進表記、2進表記、16進表記

10進表記 （デシマル表記）	2進表記 （バイナリ表記）	16進表記 （ヘキサ表記）
0	$(0000)_2$	0H
1	$(0001)_2$	1H
2	$(0010)_2$	2H
3	$(0011)_2$	3H
4	$(0100)_2$	4H
5	$(0101)_2$	5H
6	$(0110)_2$	6H
7	$(0111)_2$	7H
8	$(1000)_2$	8H
9	$(1001)_2$	9H
10	$(1010)_2$	AH
11	$(1011)_2$	BH
12	$(1100)_2$	CH
13	$(1101)_2$	DH
14	$(1110)_2$	EH
15	$(1111)_2$	FH

表2　2のべき乗

2進数 2^n	10進数 N
2^1	2
2^2	4
2^3	8
2^4	16
2^5	32
2^6	64
2^7	128
2^8	256
2^9	512
2^{10}	1024
2^{11}	2048
2^{12}	4096
2^{13}	8192
2^{14}	16384
2^{15}	32768
2^{20}	1048576
2^{21}	2097152
2^{22}	4194304

人間の数字とデジタル世界の数字とはだいぶ違うなぁー！

図1　10進数（デシマル表記）、2進数（バイナリ表記）、16進数（ヘキサ表記）の相互関係

① 10進数：$(196)_{10}$ を2進数で表わすと…
$(196)_{10} = (1×2^7+1×2^6+0×2^5+0×2^4)+(0×2^3+1×2^2+0×2^1+0×2^0)$
$= (1100)(0100)_2$

② 2進数：$(1010)(0110)(1101)(1001)_2$ を16進数で表わすと…
$(1010)(0110)(1101)(1001)_2 = $ A6D9H

用語解説

ASCII：American Standard Code for Information Interchange の略。
JIS：Japan Industrial Standards の略。
DVD：Digital Versatile Disk の略で、情報機器等に用いられる記録媒体で、CD（Compact Disk Recordable）などと同じ細かい溝の彫られた樹脂製の円盤で、ドライブ装置内で高速回転させて溝に沿ってレーザー光を照射し、データの読み取りや書き込みを行うデジタルデータの第2世代光学ディスクです。
Blu-ray：ブルーレイディスクは、CD、DVDと同じ直径12cmの光ディスクをカートリッジに収納した形状で、記録容量はDVDの約5倍（27GB）以上、波長の短い青紫色半導体レーザーを用いて書き換え可能な大容量光ディスクです。ブルーレイ用プレイヤーでDVDを再生することは出来ますが、DVDプレイヤーでブルーレイを再生することは出来ません。
ヘキサ表記（ヘキサコード：Hex Code）：Hexadecimal Number のことで16進法とも呼ばれ、0〜9までの10個の数字とA〜Fまでの6個のアルファベット（A〜F）を使って数値を表現する方法です。

8 デジタル信号とは？

デジタル信号の見方

デジタル回路においては、データの有無をパルス(Pulse)によって表記します。パルスとは、"心臓"や"鼓動"を意味しますが、ここでは、電圧や電流の電気信号を意味し、直流、交流信号を"パルス"と呼びます（図1参照）。この中で、規則的な波形で一定の時間間隔の繰り返し現われるパルスを"周期パルス"、時間や波形が不規則なパルスを"非周期パルス"、単発的なパルスを"単一パルス"と呼びます。これらの信号は変化しますので、パルスの幅 w、および、変化速度を表わす周期T、周波数 f などの項目規定があります（図2参照）。

また、電子機器においては、電気信号の流れを制御する必要から基本信号を持っており、その信号を"グロックパルス (Clock Pulse)"、"クロック信号"、"同期パルス"、"カウント信号"、あるいは、"同期パルス"などと呼び、信号の流れの同期化を図ります。このクロックパルスには、一つのもの（1相クロック式）、二つのもの（2相クロック式）、三つのもの（3相クロック式）などがあり、クロックの一周期分を"1ビット（1カウント）"と呼びます。また、周期(T)の逆数を"周波数(f)"と呼び、パルスの幅(w)とパルスの周期(T)との比を"デューティ比(Duty Ratio: 衝撃比)"と呼びます（図3参照）。

このパルスは、回路内を伝わるのに遅れ時間があり、波形なまり等をもちます。前者を"伝搬遅延時間(t_{pd})"と呼び、後者を"立ち上り、立ち下り時間(t_r, t_f)"と呼びます（図4参照）。また、クロックパルスやデータパルスの立ち上りエッジ（正極性）で動作する回路を"立ち上りエッジタイプ(Positive Edge型)"、立ち下りエッジ（負極性）で動作する回路を"立ち下りエッジタイプ(Negative Edge型)"と呼びます（図5参照）。さらに、回路の動作をわかりやすくするために、"動作波形図（タイミングチャート）"があります（図6参照）。この他に、セットアップ時間、ホールド時間などがあります。

要点BOX
●パルスとは、直流、交流の電気信号のことで、周期パルス、非周期パルス、単一パルス等がある。

図1 パルス波形

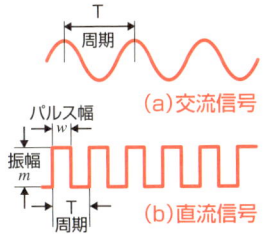

(a)交流信号
(b)直流信号

図2 各種パルス

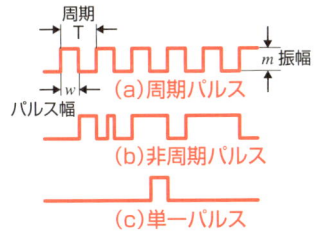

(a)周期パルス
(b)非周期パルス
(c)単一パルス

図3 各種クロックパルス列 / 図4 遅れ時間、波形なまりの定義

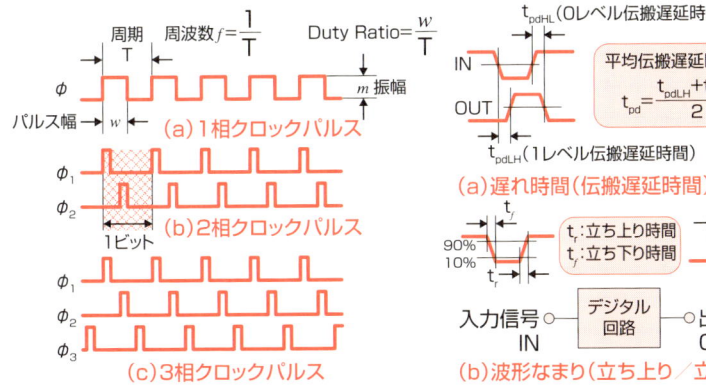

(a)1相クロックパルス
(b)2相クロックパルス
(c)3相クロックパルス

$$f = \frac{1}{T} \quad \text{Duty Ratio} = \frac{w}{T}$$

平均伝搬遅延時間 t_{pd}
$$t_{pd} = \frac{t_{pdLH} + t_{pdHL}}{2}$$

t_{pdHL}(0レベル伝搬遅延時間)
t_{pdLH}(1レベル伝搬遅延時間)

(a)遅れ時間(伝搬遅延時間)の定義

t_r:立ち上り時間
t_f:立ち下り時間

(b)波形なまり(立ち上り／立ち下り時間)

図5 立ち上り、立ち下り動作

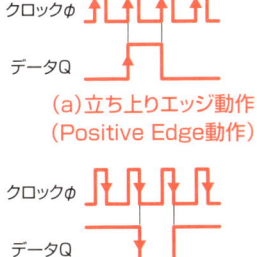

(a)立ち上りエッジ動作 (Positive Edge動作)
(b)立ち下りエッジ動作 (Negative Edge動作)

図6 動作波形図(タイミングチャート)

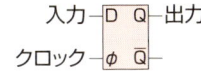

(a)立ち上りエッジ動作型 D-FF

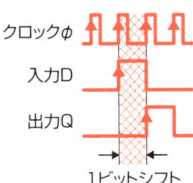

1ビットシフト

(b)動作波形図(タイミングチャート)

用語解説

セットアップ時間(Set-up Time)：フリップフロップ等のクロック信号とデータ信号との位相関係を決めるもので、データ信号を正しく書き込むためにクロック信号の位置を規定している時間をさします。

ホールド時間(Hold Time)：フリップフロップ等において、クロック信号が変化する前にデータ信号が変化しても良い時間をさします。

9 デジタル回路は汎用ロジックとともに進化

成長するデジタル回路

1960年代半導体集積回路技術が生まれ、電卓/時計、汎用ロジック、ASIC（Application Specific IC's）、メモリ、マイコンなどの集積回路時代が繰り広げられてきました。中でも汎用ロジック、ASICは、デジタル回路を集積化した素子です。この汎用ロジックには、バイポーラ技術を用いたTTL（Transistor Transistor Logic）系ロジックとMOS（Metal Oxide Semiconductor）技術を用いたCMOS（Complementary MOS）系ロジックがあります（図1参照）。

前者のTTL系ロジックは、データの書き込み、読み出しが基本的に立ち下りエッジ（Negative Edge）で動作します。また、内部状態を1レベルにするセットや内部状態を0レベルにするリセットが負信号で行なわれます。ここで、TTLのセット／リセットは、セット→プリセット、リセット→クリアの名称になっています。後者のCMOS系ロジックは、データの書き込み、読み出しが基本的に立ち上りエッジ（Positive Edge）で動作します。また、セットやリセットが正信号で行なわれますが、TTL系ロジックと同じような動作を行なうタイプもあります（表1&図2参照）。

一方、デジタル回路としては、汎用ロジックの他にASICが重要な素子です。このASICには、プログラムロジックデバイス（Programmable Logic Device：PLD）、ゲートアレイ（Gate Array：GA）、スタンダードセル（Standard Cell：SC）等があります。これらのASICは、いずれも半導体チップ上にアナログ回路を含むデジタル回路の基本素子が集積化され、使用する顧客が集積回路の設計を行なってLSI（Large Scale Integration）化する素子です。中でもスーパーインテグレーションは、半導体メーカーが予め用意したアナログ／デジタル回路からなるスーパマクロセルをライブラリーとして用いて設計します（図3参照）。

このように、デジタル回路と汎用ロジック、ASICは密接な関係にあり、共に進化してきたのです。

●汎用ロジック、ASICは、アナログ回路を含むデジタル回路を集積化した素子。

図1　代表的な集積回路

- 集積回路（IC Integrated Circuits）
  - 電卓、時計
  - 汎用ロジック（TTLロジック、CMOSロジックなど）
  - ASIC（PLA、ゲートアレイ、スタンダードセル、スーパーインテグレーションなど）
  - メモリ（DRAM、SRAM、フラッシュメモリなど）
  - マイコン
  - 電源システム

汎用ロジックは、レディメイドの服と同じで、標準ロジックとも呼ばれています。

パーソナライズ！

例えば、顔の入っていないこけしです。　例えば、個性ある顔のこけしに仕上げます。

ゲートアレイの設計とは？

表1　TTL系ロジックとCMOS系ロジックの違い

		TTL系ロジック（負パルス動作）	CMOS系ロジック（正パルス動作）
非同期	データQを0にします。	クリア信号CL	リセット信号R
	データQを1にします。	プリセット信号PR	セット信号S
同期	データの書き込み読み出し動作	立ち下りエッジ動作（Negative Edge動作）	立ち上りエッジ動作（Positive Edge動作）

（注-1）CMOS系ロジックには、TTL系ロジックと同じような動作をするロジックもあります。
（注-2）CMOS系ロジックには、リセット優先、セット優先タイプ等があります。

図2　立ち上り、立ち下り動作

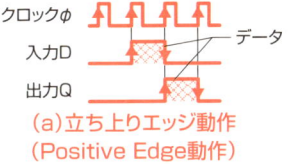

(a) 立ち上りエッジ動作（Positive Edge動作）

(b) 立ち下りエッジ動作（Negative Edge動作）

図3　ASIC（Super Integration：既存のチップとセルライブラリを集積化）

（注-1：ユーザ・ロジックとは、デジタル回路、アナログ回路からなるセルライブラリをさします。）
（注-2：標準品A、B、Cとは、CPUなど既製のチップをさします。）

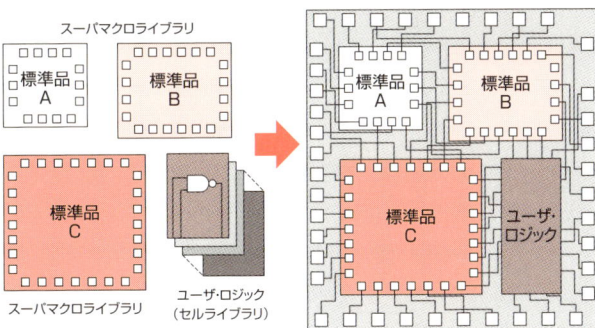

引用文献：Tomotaka Saito et al., "Advanced Super Integration", IEEE Proc., Fall Joint Computer Conference, p.1008-p.1013, Nov., 1986

用語解説

ASIC：特定用途向けICと呼ばれ、特定顧客に合わせて作られたICのことです。
PLD：ANDゲートとORゲートを格子状（アレイ：Array）に配置した半導体チップ上に、顧客が論理機能の設計をコンピュータで書き込み（設計）、実現するICをさします。別名、FPLD（Field PLD）、PLA（Programmable Logic Array）等と呼ばれます。

Column ①

汎用ロジックICは万能なの？
（汎用ロジックICの変遷）

デジタル回路は、汎用ロジックICとともに進化してきました。その歴史は古く、1960年後半からTTL（Resister Transistor Logic）からTTL（Transistor Transistor Logic）へとバイポーラ汎用ロジック時代を迎えたのです。

この同時代に日本では電卓用PMOS汎用ロジックが生まれ、続いて、CMOS汎用ロジックが誕生し、現在のCMOS汎用ロジック時代を築きました。このCMOS汎用ロジックは、開発当初、米国・RCA社、モトローラ社、そしてTTLをCMOSに置き換えたシリーズでした。時代の流れとともに、スイッチング速度が高速化され、消費電力低減等のために低電圧駆動が図られました（図1参照）。

一方、汎用ロジックの回路を集積化したプログラマブルロジック（PLD）、ゲートアレイ（GA）等が登場し、汎用ロジックの利用範囲が狭くなり、汎用ロジックは駆動能力を持たせたバスインターフェイス、高電圧から低電圧へのレベル変換（トレラント機能付）、あるいは、狭い実装面積のワンゲートCMOS、また、DIPからTSSOP（図2参照）へ変わる等の進化を遂げてきています。

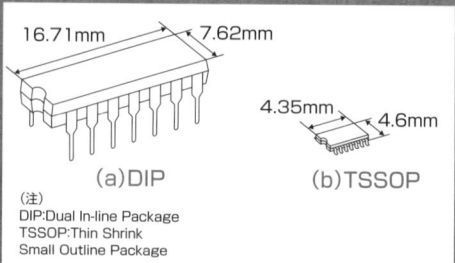

図2　汎用ロジック用外囲器の変遷

16.71mm　7.62mm　4.35mm　4.6mm
(a)DIP　(b)TSSOP

（注）
DIP:Dual In-line Package
TSSOP:Thin Shrink Small Outline Package

図1　汎用ロジックの変遷

	1970年代	1980年代	1990年代	2000年代
TTL ロジック（バイポーラIC）	74XX	74LS / 74S	74ALS / 74F / 74AS	
CMOS ロジック（CMOS IC）	74XX / 4000 / 4500	40HS	74HC / 74AC	74VHC / 74FCT / 74LV/LVX/LVQ / 74LCX/LVC / 74ALVC / 74VCX
Bi-COMS ロジック（Bi-CMOS IC）			74BC / 74ABT / 74LVT	74ALVT

（主な略語）
HC:High Speed CMOS
VHC:Very High Speed CMOS
AC:Advanced CMOS
ALVC:Advanced Low-Voltage CMOS
VCX:Very Low-Voltage CMOS

（出典）東芝セミコンダクター社編、"汎用ロジックIC"わかる半導体入門①、p.25、平成16年（2004年）1月

第2章
デジタル回路のための数学
(ブール代数)

10 デジタル回路はブール代数で作る

●第2章 デジタル回路のための数学（ブール代数）

ブール代数は代数学と同じ

デジタルの世界では符号化、つまり、"1"と"0"レベルを用いますので2進表記（バイナリ表記／2進数）は2値論理（Logic：論理）を扱い、その論理関係を論理式（Logical Equation：論理関数）と論理記号（論理回路）で表わします。前者の論理式（論理関数）を"ブール代数（Boolean Algebra）"と呼び、その演算は代数学と同じように取り扱われ、論理演算と呼ばれます。

例えば、銀行から預金を引き出すのに、その論理式の有無を変数とします。ここで、①キャッシュカードの有無を変数A、②暗証番号の一致／不一致を変数B、③指紋の一致／不一致を変数Cとし、これらの条件成立を表わす変数をfとします。

今、①カードがあり、②指紋が一致、あるいは、①番号が一致し、③指紋が一致して預金が引き出せるとします。つまり、A＝1, C＝1、あるいは、B＝1, C＝1のいずれかで預金が引き出せますので、f＝AC＋BCと表記できます。この式をブール代数（論理式、論理関数）などと呼びます（図1参照）。

このブール代数を回路で表わしますと、変数AとCの論理積（ANDゲート）、また、変数BとCの論理積（ANDゲート）をとり、その出力xとyとの論理和（ORゲート）をとる形になります（図2参照）。この回路を論理記号、ブール変数等と呼びます（論理積、論理和については 17 & 18 項参照）。

前述の例では、入力変数A、B、Cがありますので入力変数"1"と"0"レベルの組み合わせは8（＝2³）個あり、入力の組み合わせは表のようになります。この表を"真理値表（Truth Table）"、"状態表"、"動作機能表"等と呼びます。

要点BOX
●デジタル回路では2値論理（論理：Logic）を扱うため、その関係を"論理式"と"論理記号による回路"で表わす。

図1 預金を引き出すにはカード（変数A）、または、暗証番号（変数B）と指紋の一致（変数C）が必要

(a) キャッシュカード（変数A）　　(b) キー入力スイッチ（変数B）　　(b) 指紋認証（変数C）

図2 預金を引き出すための論理回路（論理記号）

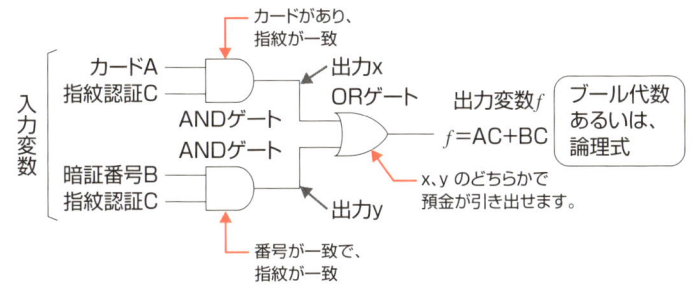

出力変数 f
$f = AC + BC$

ブール代数あるいは、論理式

x, y のどちらかで預金が引き出せます。

表　真理値表

2進数10進化コード	入力変数A	入力変数B	入力変数C	出力変数 f
0	0（カードなし）	0（番号不一致）	0（指紋不一致）	0（預金引出不可）
1	①（カードあり）	0（番号不一致）	0（指紋不一致）	0（預金引出不可）
2	0（カードなし）	①（番号一致）	0（指紋不一致）	0（預金引出不可）
3	①（カードあり）	①（番号一致）	0（指紋不一致）	0（預金引出不可）
4	0（カードなし）	0（番号不一致）	①（指紋一致）	0（預金引出不可）
⑤	①（カードあり）	0（番号不一致）	①（指紋一致）	①（預金引出可）
⑥	0（カードなし）	①（番号一致）	①（指紋一致）	①（預金引出可）
⑦	①（カードあり）	①（番号一致）	①（指紋一致）	①（預金引出可）

8個の入力変数の組み合せ

（注1）引き出せる条件：カードがあり、指紋が一致、あるいは、番号が一致し、指紋が一致すること。
（注2）○印：カードがあり、あるいは、番号が一致、指紋が一致の入力変数を示します。
　　　　また、預金引き出し可の出力変数を示します。

用語解説

論理積：すべての入力が"1レベル"の場合のみ出力が"1レベル"になり、それ以外の入力レベルでは出力が"0レベル"になるような基本的な論理演算をさし、ANDゲートと呼ばれます。

論理和：すべての入力が"0レベル"の場合のみ出力が"0レベル"になり、それ以外の入力レベルでは出力が"1レベル"になるような基本的な論理演算をさし、ORゲートと呼ばれます。

論理記号 (Logic Symbol)：論理回路を図示するために用いる記号で、各論理の機能ごとに異なった記号があります。

真理値表 (Truth Table)：ブール代数（論理式、論理代数）において、入力と出力の関係を"1"、"0"、あるいは、"H"、"L"で示した表をさします。本書では、"1"、"0"で表現しています。

ブール代数 (Boolean Algebra)：種々な条件の論理的関係を論理記号で表わし、式の形で代数の演算のように取り扱う学問です。例えば、電圧の高低を"1"、"0"によって表現し、論理積、論理和、否定などの論理演算子、論理定数、論理変数などの関係を取り扱います。

● 第2章 デジタル回路のための数学（ブール代数）

11 ブール代数を用いて回路を簡単にする方法

式による回路の作り方

デジタル回路は、ブール代数で作られることを述べてきましたが、ここでは、得られたデジタル回路の簡単化を考えてみましょう。

今、①キャッシュカードがあり（変数A）、②指紋が一致（変数C）、あるいは、②暗証番号が一致し（変数B）、③指紋の一致（変数C）して預金が引き出せる（変数 f ）とします。この関係を式にしますと、（A、あるいは、B）にCが不可欠、つまり、預金が引き出せることになります。この関係を見直しますと、①カードがあり（変数A＝1）、あるいは、②番号が一致し（変数B＝1）のどちらかの条件に、③指紋の一致（変数C＝1）があれば、預金が引き出せることになります。この関係を式にしますと、（A、あるいは、B）にCが不可欠、つまり、（A＋B）×Cになり、 f ＝(A＋B)Cと書くことが出来ます。

この論理式を回路で表わしますと、カード変数Aと暗証番号変数Bの論理和（ORゲート）をとり、その出力Zと指紋変数Cとの論理積（ANDゲート）をとれば、預金引き出し（ f ）が出来ることになります。

つまり、前項で述べた論理積（ANDゲート）二つ、論理和（ORゲート）一つからなる回路が、論理積（ANDゲート）一つからなり、論理和（ORゲート）一つ、共通項Cで括ってまとめたことがわかります。これを"分配の定理"と呼びます。

つまり、ブール代数は代数学と同じように扱え、共通項Cで括ってまとめたことがわかります。これを"分配の定理"と呼びます。

このようにブール代数には、いくつかの定理があり（表1参照）、この定理を用いて論理式の簡単化を行ないます。

関係をブール代数で表わしますと、次式になります。

f ＝AC＋BC → f ＝(A＋B)C …（分配の定理）

要点BOX
● デジタル回路の簡単化は、ブール代数の基本定理にもとづき論理式を変形することによって得られる。

図1 簡単化した論理回路(論理記号)

入力変数
- カードA
- 指紋認証C
→ ANDゲート → 出力x（カードがあり、指紋が一致）

- 暗証番号B
- 指紋認証C
→ ANDゲート → 出力y（番号が一致で、指紋が一致）

出力x, y → ORゲート → 出力変数 f

$f = AC + BC$

ブール代数あるいは、論理式

x, y のどちらかで預金が引き出せます。

簡単化すると回路のゲート数が低減します。

入力変数
- カードA
- 暗証番号B
→ ORゲート → 出力z（カード、または、番号が一致）

- 指紋認証C

出力z と 指紋認証C → ANDゲート → 出力変数 f

$f = (A+B)C$

ブール代数あるいは、論理式

カードがあり、あるいは、番号が一致し、指紋一致で引き出せます。

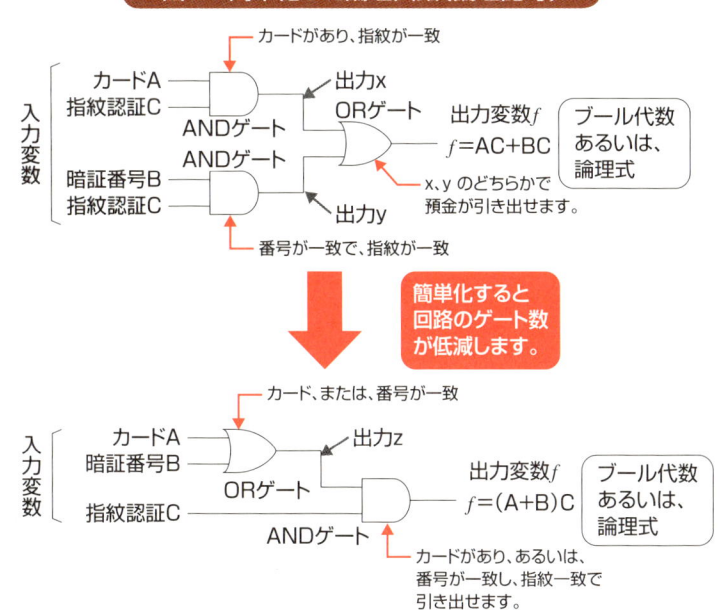

表1 ブール代数(論理関数)の基本定理

定理I	定理II	名称
① $A + 0 = A$	❶ $A \cdot 1 = A$	
② $A \cdot 0 = 0$	❷ $A + 1 = 1$	
③ $A \cdot A = A$	❸ $A + A = A$	同一の定理
④ $A \cdot \bar{A} = 0$	❹ $A + \bar{A} = 1$	否定の定理
	$\bar{\bar{A}} = A$	否定の定理
⑤ $A \cdot B = B \cdot A$	❺ $A + B = B + A$	交換の定理
⑥ $A \cdot B \cdot C = A(B \cdot C) = (A \cdot B)C$	❻ $A + B + C = (A+B) + C$ $= A + (B+C)$	結合の定理
⑦ $A + B \cdot C = (A+B)(A+C)$	❼ $A \cdot B + A \cdot C = A(B+C)$	分配の定理
⑧ $A(A+B) = A$	❽ $A + A \cdot B = A$	吸収の定理
⑨ $A(\bar{A}+B) = A \cdot B$	❾ $A + \bar{A} \cdot B = A + B$	吸収の定理
⑩ $\overline{A \cdot B} = \bar{A} + \bar{B}$	❿ $\overline{A+B} = \bar{A} \cdot \bar{B}$	De Morganの定理

(注-1) 定理Iと定理IIとは、和と積を入れ換えた双対関係にあります。
(注-2) $\bar{A}$ は、A の反転(否定、インバータ)を表わしています（**16**項参照）。

用語解説

双対(Dual)、双対性(Duality)：互いに対になっている二つの対象関係をさし、ある意味で二つの対象が互いに"裏返し"の関係にあるというようなニュアンスがあります。また、二つのものが互いに双対の関係にあることを「双対性がある」などと呼びます。

● 第2章　デジタル回路のための数学(ブール代数)

12 真理値表を用いて回路を作るには？

真理値表による回路の作り方

ブール代数を用いてデジタル回路を作ることを述べてきましたが、ここでは、真理値表を作り、その真理値表にもとづきブール代数を展開して回路を作ることを考えてみましょう。

今、①キャッシュカード（変数A）、②暗証番号（変数B）、③通帳（変数C）、④印鑑（変数D）の4変数の例（指紋認証なし）では、「どうなるか？」を考えてみましょう。

預金の引き出せる（変数）f）条件は、①カードがあり(A=1)、②番号が一致(B=1)の場合と③通帳があり(C=1)、④印鑑があり(D=1)の場合にしましょう。

入力変数が四つですので入力の組み合せは16（=2^4）になり、真理値表は表1になります。ここで、預金引き出し条件を満たす箇所に1レベルを記入し、出力変数（f）が1レベルになる入力変数（A、B、C、D）を用いてブール代数をたててみますと次式（加法標準形式）になります。

$f = \overline{A}BC\overline{D} + \overline{A}BCD + AB\overline{C}\overline{D} + AB\overline{C}D + ABC\overline{D} + ABCD + \overline{A}\overline{B}CD + \overline{A}BCD$

この式を回路にするとANDゲートが7個、ORゲートが1個となります（図1(a)参照）。ここで、基本定理（否定の定理）を用いて式を簡単化しますと、$f = AB + CD$ になります（図2参照）。この式を回路にするとANDゲートが2個、ORゲートが1個と簡単になります（図1(b)参照）。

このように入力変数のすべての組み合せを真理値表に書き込み、出力が1レベルになるような入力変数条件をブール代数で展開すれば回路が作れます。

なお、真理値表やブール代数による回路の構成、回路の簡単化は、入力変数（A、B、C ‥等）が多くなると煩雑になりますので、対策として図による式の簡単化が行なわれます。

要点BOX
●デジタル回路は、入力のすべての組み合せを真理値表にし、この表にもとづき論理式をたて、その式を簡単化して回路を得る。

表1 真理値表

2進数10進化コード	変数A（カード）	変数B（番号）	変数C（通帳）	変数D（印鑑）	出力変数 f
0	0 (なし)	0 (不一致)	0 (なし)	0 (なし)	0 (引出不可)
1	1 (あり)	0 (不一致)	0 (なし)	0 (なし)	0 (引出不可)
2	0 (なし)	1 (一致)	0 (なし)	0 (なし)	0 (引出不可)
③	① (あり)	① (一致)	0 (なし)	0 (なし)	① (引出可)
4	0 (なし)	0 (不一致)	1 (あり)	0 (なし)	0 (引出不可)
5	1 (あり)	0 (不一致)	1 (あり)	0 (なし)	0 (引出不可)
6	0 (なし)	1 (一致)	1 (あり)	0 (なし)	0 (引出不可)
⑦	① (あり)	① (一致)	1 (あり)	0 (なし)	① (引出可)
8	0 (なし)	0 (不一致)	0 (なし)	1 (あり)	0 (引出不可)
9	1 (あり)	0 (不一致)	0 (なし)	1 (あり)	0 (引出不可)
10	0 (なし)	1 (一致)	0 (なし)	1 (あり)	0 (引出不可)
⑪	① (あり)	① (一致)	0 (なし)	1 (あり)	① (引出可)
⑫	0 (なし)	0 (不一致)	① (あり)	① (あり)	① (引出可)
⑬	1 (あり)	0 (不一致)	① (あり)	① (あり)	① (引出可)
⑭	0 (なし)	1 (一致)	① (あり)	① (あり)	① (引出可)
⑮	① (あり)	① (一致)	① (あり)	① (あり)	① (引出可)

16個の入力変数の組み合せ

（注1）引き出せる条件：カードありで番号が一致、あるいは、通帳がありで印鑑があることです。
（注2）○印：カードありで番号が一致、あるいは、通帳がありで印鑑がありの入力変数を示します。
また、預金引き出し可の出力変数を示します。

図1 真理値表による論理回路と簡単化した論理回路

G1: カードあり、番号一致、通帳なし、印鑑なし。
G2: カードあり、番号一致、通帳あり、印鑑なし。
G3: カードあり、番号一致、通帳なし、印鑑あり。
G4: カードなし、番号不一致、通帳あり、印鑑あり。
G5: カードあり、番号不一致、通帳あり、印鑑あり。
G6: カードなし、番号一致、通帳あり、印鑑あり。
G7: カードあり、番号一致、通帳あり、印鑑あり。

入力変数
A: カード
B: 暗証番号
C: 通帳
D: 印鑑

$f = AB\overline{C}\overline{D} + AB\overline{C}D$
$\;\; + AB\overline{C}D + \overline{A}BCD$
$\;\; + A\overline{B}CD + \overline{A}BCD$
$\;\; + ABCD$

簡単化すると回路ゲート数が低減します。

$f = AB + CD$

x, y のどちらかで預金が引き出せます。

(a) 真理値表による回路　　(b) 簡単化した回路

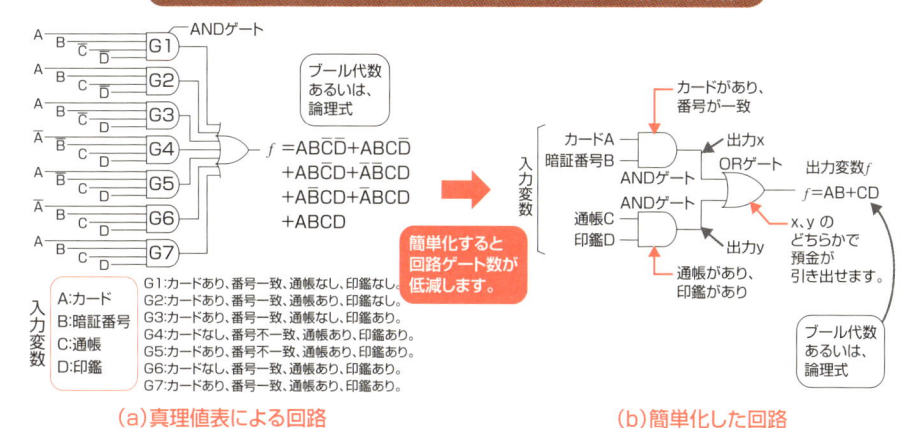

図2 真理値表を用いて導いたブール代数（論理式）

$f = AB\overline{C}\overline{D} + AB\overline{C}D + AB\overline{C}D + \overline{A}BCD + A\overline{B}CD + \overline{A}BCD + ABCD$
$\;\; = AB\overline{C} + ABC + \overline{B}CD + BCD$
$\;\; = AB + CD$

用語解説

加法標準形式（Disjunctive Canonical Form）：標準積和形式（Standard Sum of Products Form）とも呼ばれ、基本積（最小項／AND機能）をいくつか集めて論理和（OR機能）として表わした関数をさします。これに対して、積和を逆にした乗法標準形式（標準和積形式）があります。→ 参考文献（01）、pp.28〜30参照。

13 図を用いて回路を簡単にするには？―その1

図による回路の作り方①

前項で真理値表とブール代数による回路作成を述べましたが、真理値表作成とブール代数の簡単化に時間がかかります。その改善として、図による回路作成があります。

今、11項の①キャッシュカードがあり（変数A）、③指紋が一致（変数C）、あるいは、②暗証番号が一致し（変数B）して預金が引き出せる（変数f）例のデジタル回路を図によって作ってみましょう。

預金を引き出す条件（出力変数f）を入力変数三つ用いて真理値表を作り（表1参照）、ブール代数たてますと、$f=\overline{A}BC+A\overline{B}C+ABC$、2進数10進化コードでは$f="5"+"6"+"7"$になります。この式は簡単ですのでブール代数の定理を用いて簡単化できますが、図によって簡単化してみましょう。

図によるブール代数の簡単化には、①ベン図、②カルノー図、③ベッチェ図等があります。ここで、3変数のそれぞれの図を描き、各領域に2進数10進化コードを記入します。そのコードに該当する領域を出来る限り大きく、かつ、出来るだけ少ない数でまとめます（図1参照）。

いずれの図からも式がたてられます。この例ですと、2進数10進化コードの"5"、"6"、"7"ですので$f=AC+BC$、あるいは、$f=C(A+B)$になります。これら得られた式にもとづき回路を作ります（図2参照）。

ここで、どの方法も変数が多くなると図が煩雑になります。特に、ベン図は3変数までは円形ですが、4変数以上になりますと形状が複雑になります。また、カルノー図は変数が増えると常に四角形で描けますが、四角形の外に1、0レベルの表記があるために面倒です。一方、ベッチェ図は常に四角形であり、かつ、外側に1、0レベルの表記が要らないので、最も使いやすい方法と言えるでしょう。

要点BOX
●図によるブール代数の簡単化には、①ベン図、②カルノー図、③ベッチェ図等がある。

表1 真理値表

2進数10進化コード	変数A（カード）	変数B（番号）	変数C（指紋）	出力変数 f
0	0 （なし）	0 （不一致）	0 （不一致）	0 （引出不可）
1	1 （あり）	0 （不一致）	0 （不一致）	0 （引出不可）
2	0 （なし）	1 （一致）	0 （不一致）	0 （引出不可）
3	1 （あり）	1 （一致）	0 （不一致）	0 （引出不可）
4	0 （なし）	0 （不一致）	1 （一致）	0 （引出不可）
⑤	① （あり）	0 （不一致）	① （一致）	① （引出可）
⑥	0 （なし）	① （一致）	① （一致）	① （引出可）
⑦	① （あり）	① （一致）	① （一致）	① （引出可）

8個の入力変数の組み合せ

（注1）引き出せる条件：カードありで指紋が一致、あるいは、番号が一致で指紋が一致。
（注2）○印：カードありで指紋が一致、あるいは、番号が一致で指紋が一致の入力変数を示します。また、預金引き出し可の出力変数を示します。

図を用いてブール代数を解くなんて便利なやり方だね〜！

図1 論理変数三つの各図（ベン図、カルノー図、ベッチェ図）

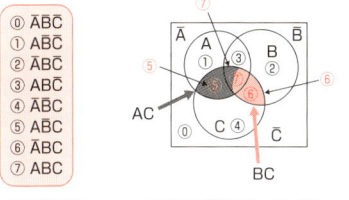

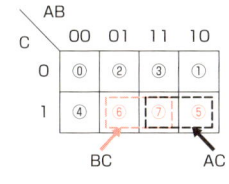

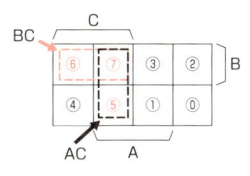

⓪ $\bar{A}\bar{B}\bar{C}$
① $A\bar{B}\bar{C}$
② $\bar{A}B\bar{C}$
③ $AB\bar{C}$
④ $\bar{A}\bar{B}C$
⑤ $A\bar{B}C$
⑥ $\bar{A}BC$
⑦ ABC

(a) 2進数10進化コード　　(b) 3変数のベン図　　(c) 3変数のカルノー図　　(d) 3変数のベッチェ図

図2 論理変数三つの各図を用いて作成したデジタル回路

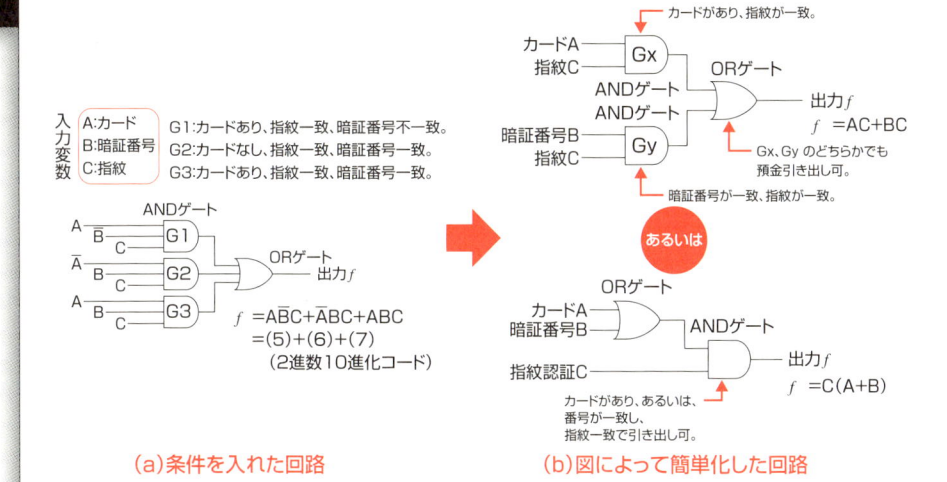

入力変数　A：カード　B：暗証番号　C：指紋

G1：カードあり、指紋一致、暗証番号不一致。
G2：カードなし、指紋一致、暗証番号一致。
G3：カードあり、指紋一致、暗証番号一致。

$f = A\bar{B}C + \bar{A}BC + ABC$
$= (5) + (6) + (7)$
（2進数10進化コード）

(a) 条件を入れた回路

カードがあり、指紋が一致。
暗証番号が一致、指紋が一致。
Gx、Gyのどちらかでも預金引き出し可。

$f = AC + BC$

あるいは

カードがあり、あるいは、番号が一致し、指紋一致で引き出し可。

$f = C(A+B)$

(b) 図によって簡単化した回路

用語解説

ベン図（Venn Diagram）、カルノー図（Karnough Map）、ベッチェ図（Veitch Diagram）：これらの図形的表示法は、論理関数を解くための手法です。この他に、クワイン・マクラスキ法などがあります。

14 図を用いて回路を簡単にするには？―その2

図による回路の作り方②

ベッチェ図は、四角形で表示される領域を一つの変数の1レベル、それ以外の領域を変数の0レベルとし、この四角形を利用するものです。変数を q 個としますと、2^q 個の四角形で表されます。このベッチェ図をわかりやすくするために2進数10進化コードをベッチェ図の四角形内に記入します（図1参照）。

今、論理関数の論理積が $f=AB$ であれば、対応する変数の重なった領域だけに対応し、論理和が $f=A+B$ であれば、対応する変数のすべてに対応します（図2参照）。

12項の①キャッシュカード（変数A）、②暗証番号（変数B）、③通帳（変数C）、④印鑑（変数D）の4変数の預金を引き出す例（指紋認証なし）、つまり、ブール代数で、$f=\overline{A}\overline{B}CD+\overline{A}B\overline{C}D+\overline{A}BC\overline{D}+\overline{A}BCD+A\overline{B}\overline{C}D+A\overline{B}CD+AB\overline{C}\overline{D}+AB\overline{C}D+ABC\overline{D}+ABCD$ と表わせる例を考えてみましょう。変数が4個ですので、ベッチェ図は16個の四角形から成ります。この例では、七つの論理積の和で出来ていますので、ベッチェ図に七つの論理積に対応する領域を丸で囲みます（図3(a)参照）。この論理関数における論理積のそれぞれの項は、ベッチェ図の2進化10進コードの3、7、11、12、13、14、15に対応します。この論理積群は、論理和でつなげられているので、ベッチェ図の囲まれているすべての領域をできるだけ大きく、かつ、できるだけ少ない数でまとめます（図3(b)参照）。このまとめられたベッチェ図を最も単純な論理関数で表わしますと、$f=AB+CD$ となります。

つまり、ベッチェ図による論理関数の簡単化は、簡単化する前に一度ベッチェ図を描き、そのベッチェ図を一つにまとめて論理関数をたてることで簡単化ができます。こうして得られた関数は、12項と同じ結果になります（図4参照）。

要点BOX
- ベッチェ図は、四角形で表示される領域を一つの変数の1レベル、それ以外の領域を変数の0レベルとし、この四角形を利用する。

図1 2進数10進化コードを記入したベッチェ図

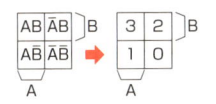

(a) 2変数のコード化

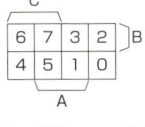

(b) 3変数のコード化

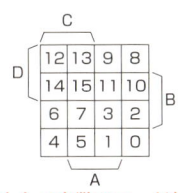

(c) 4変数のコード化

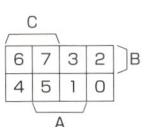

(d) 5変数のコード化

(e) 6変数のコード化

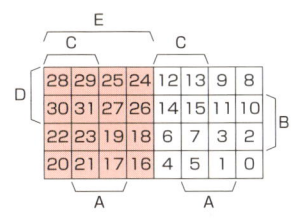

図2 ベッチェ図の論理積(a)と論理和(b)

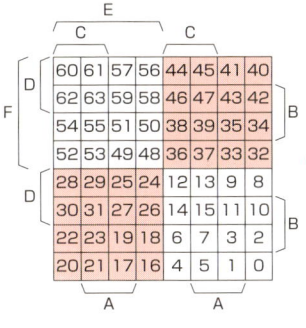

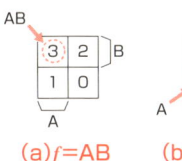

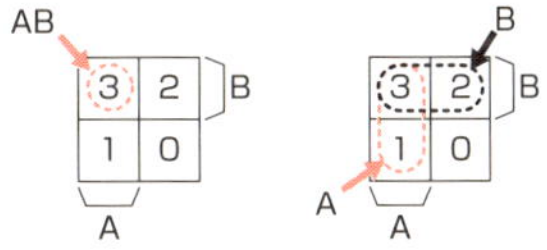

(a) $f = AB$

(b) $f = A + B$

図3 ベッチェ図によって簡単化された論理関数

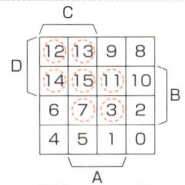

(a) $f = AB\bar{C}\bar{D} + AB\bar{C}D + ABCD + \bar{A}BCD + \bar{A}\bar{B}CD + \bar{A}BCD + ABCD$

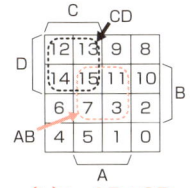

(b) $f = AB + CD$

図4 ベッチェ図による回路と論理関数(ブール代数)の簡単化

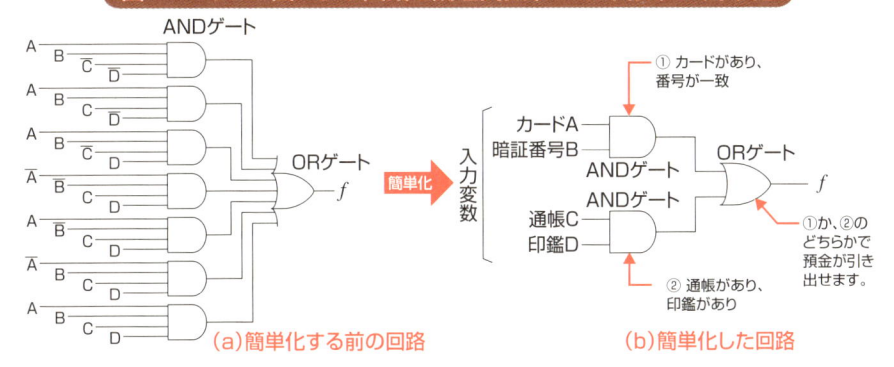

(a) 簡単化する前の回路

(b) 簡単化した回路

① カードがあり、番号が一致

カードA
暗証番号B
通帳C
印鑑D

入力変数

ANDゲート
ANDゲート
ORゲート f

① か、② のどちらかで預金が引き出せます。

② 通帳があり、印鑑があり

$f = AB\bar{C}\bar{D} + AB\bar{C}D + ABCD + \bar{A}BCD$
$\quad + \bar{A}\bar{B}CD + \bar{A}BCD + ABCD$

簡単化 ➡ $f = AB + CD$

(c) 論理関数が簡単化されます。

Column ❷

基本デジタル回路のいろいろ
（各種基本論理回路）

デジタル回路は、ブール代数、真理値表、ベッチ図などを用いて作ることができ、各種の回路があります。ここでは、代表的な基本ゲート、つまり、インバータ（バッファー、あるいは、スルー）、ノンインバータ（バッファー、あるいは、スルー）、AND（論理積）、NAND（論理積の否定）、OR（論理和）、NOR（論理和の否定）、Exclusive OR（不一致回路）、Exclusive NOR（一致回路）の論理記号、論理式、真理値表をまとめて一覧表にしました（表1参照）。

この他に、比較回路、エンコーダ、デコーダなどの組み合せ回路をはじめとし、データを一時記憶して転送するラッチ、フリップフロップ、シフトレジスタ、カウンタなど、また、特殊な回路として、シュミットトリガー回路、チャタリング防止回路、マルチバイブレータ、レベル変換回路など多種多様のデジタル回路があります。

表1 ゲートの論理記号、論理式、真理値表

回路機能	論理記号（正論理）	論理記号（負論理）	論理式	A:0 B:0	A:1 B:0	A:0 B:1	A:1 B:1
インバータ（否定/NOT）	A—▷○—f	A—▷○—f	$f=\overline{A}$	1	0	1	0
バッファー（ノンインバータ）	A—▷—f	A—▷○—f	$f=A$	0	1	0	1
ANDゲート（論理積）	A,B—⌐—f	A,B—⌐○—f	$f=AB$ $=\overline{\overline{A}+\overline{B}}$	0	0	0	1
NANDゲート（論理積の否定）	A,B—⌐○—f	A,B—⌐—f	$f=\overline{AB}$ $=\overline{A}+\overline{B}$	1	1	1	0
ORゲート（論理和）	A,B—⊃—f	A,B—⊃○—f	$f=A+B$ $=\overline{\overline{A}\,\overline{B}}$	0	1	1	1
NORゲート（論理和の否定）	A,B—⊃○—f	A,B—⊃—f	$f=\overline{A+B}$ $=\overline{A}\,\overline{B}$	1	0	0	0
Exclusive OR（不一致回路）	A,B—⊃⊃—f	A,B—⊃⊃○—f	$f=A\overline{B}+\overline{A}B$ $=A\oplus B$	0	1	1	0
Exclusive NOR（一致回路）	A,B—⊃⊃○—f	A,B—⊃⊃—f	$f=AB+\overline{A}\,\overline{B}$ $=\overline{A\oplus B}$	1	0	0	1

（出典）鈴木八十二著、"ディジタル論理回路・機能入門"、p.23、日刊工業新聞社、2007-7-30

第3章

情報（データ）記憶能力をもたないデジタル回路
（組み合せ論理回路）

15 いろいろなタイプのデジタル回路がある

組み合せ論理回路と順序論理回路

デジタル回路において情報(データ)を記憶する能力をもたない回路があり、この回路を"組み合せ論理回路"と呼んでいます。この回路は、過去の入力データに関係なく、現在の入力データの"1"レベルか、"0"レベルかの入力条件で直ちに出力を決めるために情報(データ)を記憶する能力をもちません(図1(a)参照)。

これに対して、デジタル回路において情報(データ)を記憶する能力をもつ回路があり、この回路を"順序論理回路"と呼んでいます。この回路は、過去の入力データに依存し、しかも、現在の入力データの"1"レベルか、"0"レベルかの入力条件との兼ね合いで出力を決める回路で、出力データが決まった後のデータを記憶する能力をもっています(図1(b)参照)。

このようにデジタル回路には、"組み合せ論理回路"と、"順序論理回路"があります。

この他デジタル回路としては、演算などの動作を行なわずに単にデータのみを記憶するメモリー(記憶回路)もあります。このメモリーには、電源を切ると記憶しているデータが消えてしまうタイプのメモリー(揮発性メモリー：Volatile Memory)と、電源を切っても記憶しているデータが消えないタイプのメモリー(不揮発性メモリー：Non-volatile Memory)があります(メモリーについては後述)。

一般の電子機器では、"組み合せ論理回路"のみの構成だけでなく、"順序論理回路"も用いられます。また、後述するメモリーも使用され、人間と同じような動きをもたせるような電子機器が登場しています(図2参照)。

この章では、"デジタル回路を説明するにあたり、大きな電圧(高電流)を"1"レベル、小さな電圧(低電流)を"0"レベルとする"正論理"を用います。

要点BOX
●デジタル回路には、"組み合せ論理回路"と"順序論理回路"があり、また、データのみを記憶するメモリー(記憶回路)がある。

図1　デジタル回路

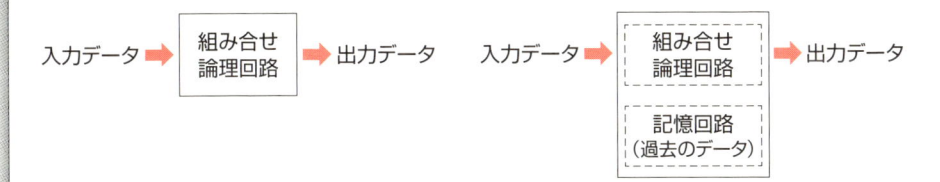

(a) 組み合せ論理回路
（過去の入力データに関係しません。）

入力データ ➡ 組み合せ論理回路 ➡ 出力データ

(b) 順序論理回路
（過去の入力データに関係します。）

入力データ ➡ [組み合せ論理回路 / 記憶回路（過去のデータ）] ➡ 出力データ

図2　ロボットはアナログ回路、デジタル回路、メカなどからなります。

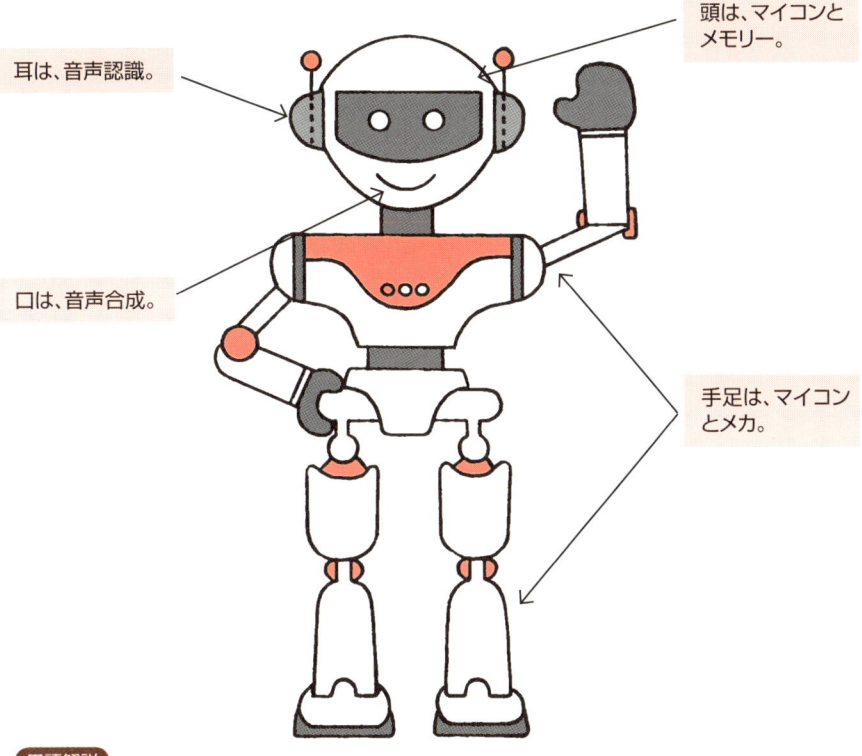

- 耳は、音声認識。
- 頭は、マイコンとメモリー。
- 口は、音声合成。
- 手足は、マイコンとメカ。

用語解説

音声合成：アナログ信号である音声をデジタル信号に変換し、その信号をメモリー（記憶回路）へ記憶し、必要に応じて読み出してアナログ変換して音声として発生する装置です。

音声認識：音声をデジタル信号に変換し、電子機器に記憶されているデジタル信号化された音声信号と比較しながら、音声を認識させる装置です。

16 ゲートは、否定回路、スルー回路がベース

否定回路、スルー回路

組み合せ論理回路の最も簡単な回路は、"ゲート"と呼ばれ、"門"とか、"出入口"の意味になります。そのゲートの中で、一つの入力データのみで一つの出力状態を決めてしまう回路を"否定(インバータ、反転)回路"とか、"スルー(ノンインバータ、非反転)回路"と呼びます。

例えば、乗車切符で電車に乗るとしましょう。裏側にした乗車切符を自動改札機に入れますと、表側になった乗車切符が自動改札機より出てきます。この機能を"否定(インバータ、反転)"と呼んでいます(図1(a)参照)。

一方、表側にした乗車切符を自動改札機に入れますと、そのまま表側になった乗車切符が自動改札機より出てきます。これは、乗車切符が自動改札機の中をそのまま通って認証されたために、この機能を"スルー(ノンインバータ、非反転)"と呼んでいます(図1(b)参照)。

ここで、乗車切符(入力データ)の表側を変数A、裏側を変数 f としますと、乗車切符の出て来る変数(出力データ)を f とすると、否定はA=1ならば、$f=1$ になり、A=0ならば、$f=1$、A=0 ならば $f=0$ になり、$f=\overline{A}$ と表記されます。一方、スルーは A=1 ならば $f=1$、A=0ならば、$f=0$になり、$f=A$ と表記されます。これらの機能を回路に置き換えたのが、"インバータ回路"、"ノンインバータ回路"です。なお、インバータのなかみはN-MOSとP-MOSの組み合せ(CMOSインバータ)で構成されています(図2参照)。これらの回路を"論理記号(Logic Symbol)"、"論理回路(Logic Circuit)"、"デジタル回路(Digital Circuit)"、あるいは、単に"回路"と呼びます。

このように入力データ"1"、"0"の組み合せに応じて出力データを得る体系、つまり、デジタルの数量性質を規定する体系を論理(Logic)と呼びます。

要点BOX
●最も簡単なゲートは、否定(インバータ、反転)回路とスルー(ノンインバータ、非反転)回路である。

図1 否定機能(インバータ)とスルー機能(ノンインバータ)

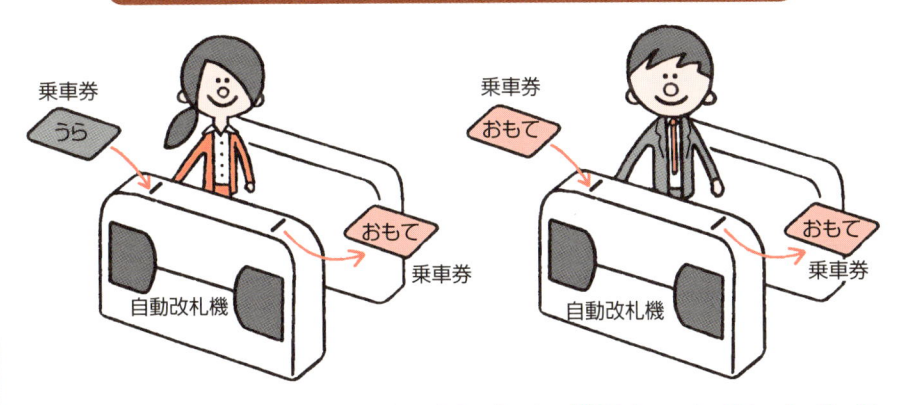

(a) 反転する機能をもつ否定(インバータ)　(b) 反転しない機能をもつスルー(ノンインバータ)

図2 インバータ、ノンインバータの真理値表、記号、論理式、および、CMOSインバータ回路

入力A	出力 f
0	1
1	0

(i) 真理値表

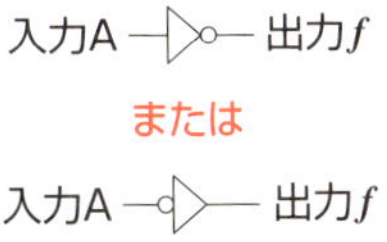

入力A	出力 f
0	0
1	1

(i) 真理値表

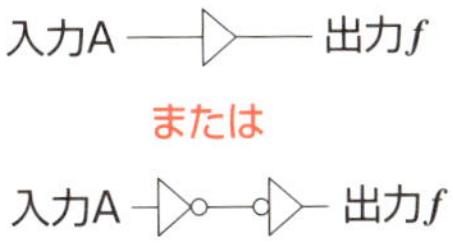

(i) インバータ回路

入力A ─▷○─ 出力 f
または
入力A ─○▷─ 出力 f

(ii) 論理記号

入力A ─▷─ 出力 f
または
入力A ─▷○○─ 出力 f

(ii) 論理記号

V_{DD}
P-MOS
入力A ─── 出力 f
N-MOS

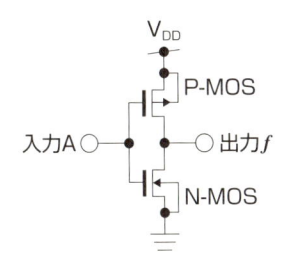

(ii) CMOS インバータ回路

$f = \overline{A}$

(iii) 論理式

(a)否定
(インバータ、反転、NOT)

$f = A$

(iii) 論理式

(b)スルー
(ノンインバータ、非反転)

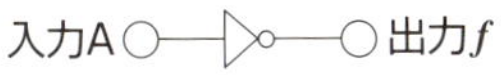

(c)具体的なインバータ回路

用語解説

自動改札機(じどうかいさつき、Turnstile)：鉄道駅や空港の改札口(搭乗口)に設置されている機械で、改札業務を人間に代わって行う装置です。1967年、京阪神急行電鉄(現・阪急電鉄)に光学読み取り式による自動改札機が設置され、実用化に入りました。なお近年、情報セキュリティの機密保持などの理由で、オフィス施設等の入口に設置されるものがあり、これを"セキュリティゲート"と呼んでいます。
変数：2値論理における数値の変化を記号にしたものです。
N-MOS、P-MOS：正電圧でオンするMOSトランジスタを"N-MOS (N-MOST)"と呼び、負の電圧でオンするMOSトランジスタを"P-MOS (P-MOST)"と呼びます。ここで、MOSとは、Metal Oxide Semiconductorの略で、金属酸化膜半導体トランジスタをさします。

17 よく用いられるAND、NANDゲート

論理積、論理積否定ゲート

よく用いられるゲートにANDゲート（論理積）、NANDゲート（論理積の否定）回路があります。その機能をみてみましょう。

今、銀行から預金を引き出すのに①キャッシュカード、②暗証番号を必要としましょう。預金を入手するのに①キャッシュカードのみでは引き出せず、また、②暗証番号だけでも引き出せません。つまり、①キャッシュカードと②暗証番号が揃わないと預金が引き出せません。ここで、①キャッシュカードが自分のものであるかを表わす変数を"A"とし、カードが自分のものであればA=1、自分のものでないのならばA=0とします。また、暗証番号が登録した番号と合ったかを表わす変数を"B"とし、暗証番号が一致したらB=1、暗証番号が不一致ならばB=0とします。さらに、この条件の成立を決める変数を"f"として預金が引き出せたらf=1、預金が引き出せなかったらf=0とします。預金の引き出せる条件はA=1で、かつ、B=1で、この条件が成立するとf=1になります。つまり、これ以外の条件では預金が引き出せません（図1参照）。

このようにA=1で、かつ、B=1の時のみf=1になるような出力決定機能を"AND（論理積）"と呼び、出力は"A and B"で決まると言います。ここで、A、Bは入力信号であり、論理変数と呼びます。A、B入力二つありますので2入力ANDゲートと呼ばれます。このAND（論理積）をA∧B、A∩B、A・B、あるいは、ABなどと書きます。また、ブール代数ではf=A・B、f=ABなどと表記します（図2参照）。

このANDゲートの出力データを反転させた回路を2入力NANDゲート（論理積の否定ゲート）と呼びます（図3参照）。なお、NANDゲートの論理式（ブール代数）は、ANDゲートの論理式にバー記号を入れます。

要点BOX
- よく用いられるゲートにANDゲート（論理積）、NANDゲート（論理積の否定）回路がある。

図1　銀行から預金を引き出すにはカードと暗証番号が必要（AND機能）

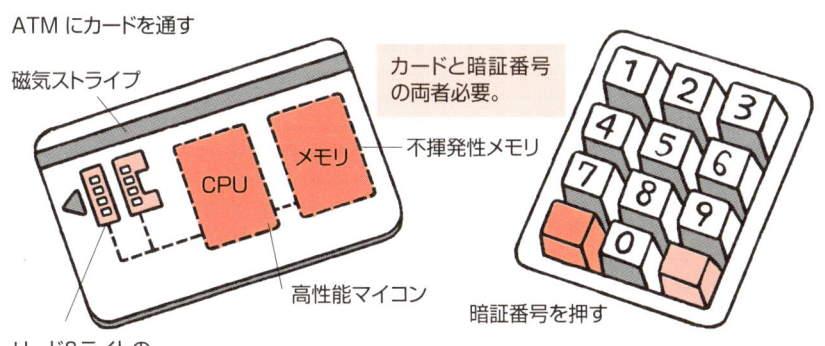

ATMにカードを通す
磁気ストライプ
不揮発性メモリ
カードと暗証番号の両者必要。
CPU
メモリ
高性能マイコン
リード&ライトのための端子
暗証番号を押す

(a) キャッシュカード　　　(b) キー入力スイッチ

図2　論理積（AND）の真理値表、論理記号、論理式

入力A	入力B	出力f
0	0	0
1	0	0
0	1	0
1	1	1

(a) 真理値表

入力A
入力B ─ 出力f

または 入力A
入力B ─ 出力f

(b) 論理記号

$f = A \cdot B$

(c) 論理式

図3　論理積の否定（NAND）の真理値表、論理記号、論理式

入力A	入力B	出力f
0	0	1
1	0	1
0	1	1
1	1	0

(a) 真理値表

入力A
入力B ─ 出力f

または 入力A
入力B ─ 出力f

(b) 論理記号

$f = \overline{A \cdot B}$

(c) 論理式

用語解説

ATM：Automated Teller Machine の略で、銀行や郵便局の現金自動預け払い機（自動出納機の略称）のことです。なお、ATMには、ステーションATM、コンビニATMなどがあります。
リードライト端子：銀行等にあるコンピュータとのデータをやり取りするための電気的接続端子のことです。
CPU：Central Processing Unit の略で、中央演算処理装置と呼ばれ、マイクロコンピュータの中心的な回路のことです。

● 第3章　情報(データ)記憶能力をもたないデジタル回路(組み合せ論理回路)

18 よく用いられるOR、NORゲート

論理和、論理和否定ゲート

よく用いられるゲートにANDゲートの他にOR（論理和）、NORゲート（論理和の否定）回路があります。その機能をみてみましょう。

今、銀行から預金を引き出すのに現実とは異なりますが、①キャッシュカード、あるいは、②暗証番号のいずれか一方があれば預金が引き出せるとしましょう。

ここで、①キャッシュカードが自分のものであるかを表わす変数を"A"とし、カードが自分のものであれば A=1、自分のものでないのならば A=0 とします。また、暗証番号が登録した番号と合ったかを表わす変数を"B"とし、暗証番号が一致したら B=1、暗証番号が不一致ならば B=0 とします。さらに、この条件の成立を表わす変数を"f"として預金が引き出せたら $f=1$、預金が引き出せなかったら $f=0$ とします。預金の引き出せる条件は A=1、あるいは、B=1 のいずれか一方で、この条件が成立すると $f=1$ になります（図1参照）。

このように A=1、あるいは、B=1 の一方が1レベルになると $f=1$ になるような出力決定機能を "OR（論理和）" と呼び、出力は "A or B" で決まると言います。

つまり、変数のいずれか一方が1レベルの時に条件が成立ですから、逆にみると A=0 で、かつ、B=0 の時のみ、この条件が成立し、$f=0$ になります。ここで、A、B は入力信号であり、論理変数と呼びます。A、B 入力二つありますので2入力ORゲートと呼ばれます。この OR（論理和）を A∨B、A∪B、あるいは、A+B などと書きます。また、ブール代数では $f=A+B$ と表記します（図2参照）。

この OR ゲートの出力データを反転させた回路を2入力NORゲート（論理和の否定ゲート）と呼びます（図3参照）。なお、NORゲートの論理式（ブール代数）は、ORゲートの論理式にバー記号を入れます。

要点BOX
- よく用いられるゲートにORゲート（論理和）、NORゲート（論理和の否定）回路がある。

図1 銀行から預金を引き出すにはカード、または、暗証番号のいずれか必要（OR機能）

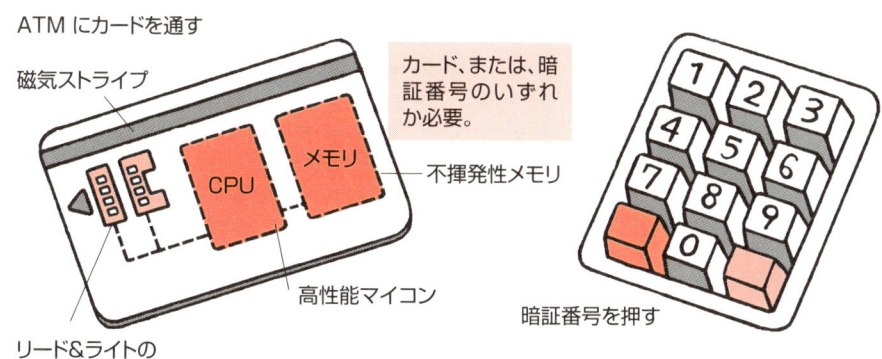

ATMにカードを通す

磁気ストライプ

カード、または、暗証番号のいずれか必要。

CPU
メモリ
不揮発性メモリ
高性能マイコン

リード&ライトのための端子

(a) キャッシュカード

暗証番号を押す

(b) キー入力スイッチ

図2 論理和（OR）の真理値表、論理記号、論理式

入力A	入力B	出力f
0	0	0
1	0	1
0	1	1
1	1	1

(a) 真理値表

入力A
入力B ─ 出力f

または 入力A
入力B ─ 出力f

(b) 論理記号

$$f = A + B$$

(c) 論理式

図3 論理和の否定（NOR）の真理値表、論理記号、論理式

入力A	入力B	出力f
0	0	1
1	0	0
0	1	0
1	1	0

(a) 真理値表

入力A
入力B ─ 出力f

または 入力A
入力B ─ 出力f

(b) 論理記号

$$f = \overline{A + B}$$

(c) 論理式

19 一致、不一致はどのように行なうの?

一致回路、不一致回路

ものが合っているか、否かを決めるのが、不一致／一致機能です。デジタル回路では1ビットの入力信号A、Bが一致すれば、出力fは、$f=0$になり、不一致であれば、出力fが$f=1$になる回路を"不一致回路"と呼び、また、"Exclusive OR"、"排他的論理和"と呼び、また、"2入力パリティチェック回路"等とも呼ばれます。一方、不一致回路と逆の出力fになる回路を"一致回路"と呼び、また、"Exclusive NOR"とも呼ばれます。ここで、1ビット不一致、一致回路の論理記号はAND、NORゲート、あるいは、OR、NANDゲートで表記されますが、ゲート数が多いので、ORゲートを変形した特殊な論理記号を用います。また、論理式も$f=A\overline{B}+\overline{A}B$、あるいは、$f=\overline{AB}+\overline{\overline{A}\overline{B}}$のように表記されますが、簡単化するために$f=A\oplus B$、あるいは、$f=\overline{A\oplus B}$と表記します(図1&2参照)。

さて、デジタル回路においては1ビット不一致、一致回路のみならず、"多ビット不一致、一致回路"が用いられます。例えば、"2ビット一致回路"は、1ビット目の入力A_0、B_0と2ビット目の入力A_1、B_1が共に一致するときに出力fが$f=1$になり、不一致のときには出力fが$f=0$になる回路です(図3参照)。また、"4ビット一致回路"は、1ビット目の入力A_0、B_0、2ビット目の入力A_1、B_1、3ビット目の入力A_2、B_2、4ビット目の入力A_3、B_3が同時に一致するときのみ、出力fは$f=1$になり、一つでも不一致であれば、出力fは$f=0$になる回路です(図4参照)。

この不一致、一致回路は、ゲートの組み合せによる比較回路や演算する回路(加算器、減算器)などに応用される重要な回路です。

要点BOX
● ものが合っているか、否かを決めるのが、不一致／一致機能。

図1　1ビット不一致回路（Exclusive OR）

(a) 真理値表

入力A	入力B	出力f
0	0	0
1	0	1
0	1	1
1	1	0

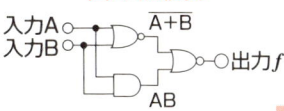

(b) ゲートによる不一致回路

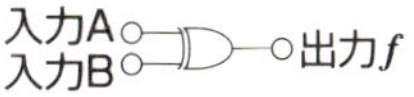

$$f = \overline{AB + (\overline{A+B})} \\ = A\overline{B} + \overline{A}B \\ = A \oplus B$$

(c) 論理記号　　(d) 論理式

図2　1ビット一致回路（Exclusive NOR）

(a) 真理値表

入力A	入力B	出力f
0	0	1
1	0	0
0	1	0
1	1	1

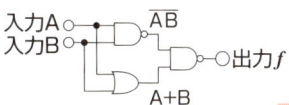

(b) ゲートによる一致回路

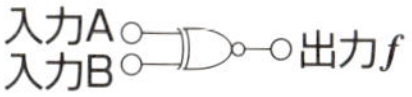

$$f = \overline{\overline{AB} \cdot (A+B)} \\ = AB + \overline{A}\,\overline{B} \\ = \overline{A \oplus B}$$

(c) 論理記号　　(d) 論理式

図3　2ビット一致回路

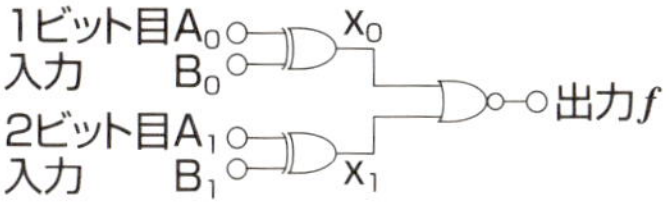

(a) 2ビット一致回路

(b) 2ビット一致回路の真理値表

1ビット目入力		2ビット目入力		節点		出力
A_0	B_0	A_1	B_1	x_0	x_1	f
0	0	0	0	0	0	1
1	0	0	0	1	0	0
0	1	0	0	1	0	0
1	1	0	0	0	0	1
0	0	1	0	0	1	0
1	0	1	0	1	1	1
0	1	1	0	1	1	1
1	1	1	0	0	1	0
0	0	0	1	0	1	0
1	0	0	1	1	1	1
0	1	0	1	1	1	1
1	1	0	1	0	1	0
0	0	1	1	0	0	1
1	0	1	1	1	0	0
0	1	1	1	1	0	0
1	1	1	1	0	0	1

図4　4ビット一致回路

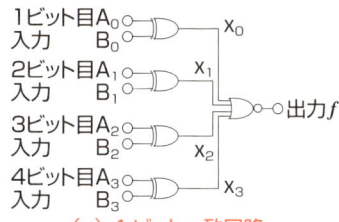

(a) 4ビット一致回路

（注）各ビットが同時に一致する時のみ、出力が1レベル。

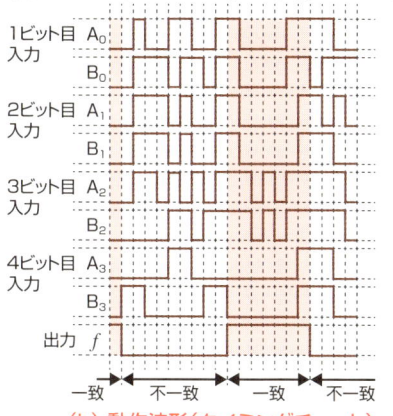

(b) 動作波形（タイミングチャート）

一致　不一致　一致　不一致

用語解説

パリティチェック（Parity Check）：コンピュータにおいて　データの各ビットの総和が偶数、あるいは、奇数になるようにもう1ビット付加することによってデータの伝送や記録に際して、データの誤りを検出する方式の一つです。

比較回路（Comparator）：デジタル信号の大きさを比較する回路をさします。なお、デジタル信号の位相差を比較する位相比較回路（Phase Comparator）もあります。→ 20項参照。

20 比較はどのように行なうの？

大小比較回路と位相比較回路

前項の一致回路は、各ビットのデータ入力A、Bの一致、不一致をみる回路でしたが、このままでは各ビットのデータ入力A、Bの大小関係がわかりません。

そこで、データ入力A、Bの大小関係をわかるようにした回路が"大小比較回路（Magnitude Comparator：マグニチュードコンパレータ）"です。また、データ入力A、Bの位相差をみる"位相比較回路（Phase Comparator：フェイズコンパレータ）"もあります。

前者の大小比較回路の最も基本的なものが"1ビット大小比較回路"で、①A＝Bであれば出力$f_{A=B}$が1レベルに、②A＞Bであれば出力$f_{A>B}$が1レベルに、③A＜Bであれば出力$f_{A<B}$が1レベルになるような回路です（図1参照）。

次に、2ビット大小比較回路があり、2ビットの2進数（A_0、B_0）と（A_1、B_1）の大小関係をみるもので、

① $A_0＝B_0$、かつ、$A_1＝B_1$であれば出力$f_{A=B}$が1レベルに、

② $A_0＞B_0$、かつ、$A_1＞B_1$（もしくは、上位ビット優先で、$A_1＞B_1$の時、あるいは、$A_0＞B_0$、かつ、$A_1＝B_1$の時）であれば出力$f_{A>B}$が1レベルに、③ $A_0＜B_0$、かつ、$A_1＜B_1$（もしくは、上位ビット優先で$A_1＜B_1$の時、あるいは、$A_0＜B_0$、かつ、$A_1＝B_1$の時）であれば出力$f_{A<B}$が1レベルになります（図2参照）。同様に、2ビット大小比較回路を延長したものに"4ビット大小比較回路"があります（図3参照）。

後者の位相比較回路は、データ入力A、Bの位相差（入力信号の1レベルになるタイミングのずれ）を比較して、その位相差を検出する回路（図4参照）で、電波受信チューニングシステム（電子チューナー）などに用いられます。

要点BOX
- データ入力A、Bの大小関係を調べる回路が"大小比較回路"。また、データ入力A、Bの位相差をみる回路が"位相比較回路"。

図1 1ビット大小比較回路

(a) 真理値表

入力		出力		
A	B	$f_{A<B}$	$f_{A=B}$	$f_{A>B}$
0	0	0	1	0
1	0	0	0	1
0	1	1	0	0
1	1	0	1	0

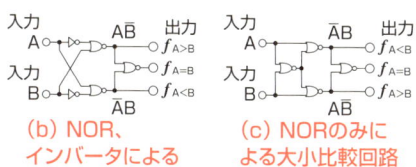

(b) NOR、インバータによる大小比較回路

(c) NORのみによる大小比較回路

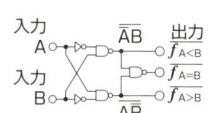

(d) NAND、インバータによる大小比較回路

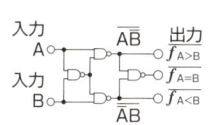

(e) NANDのみによる大小比較回路

図2 2ビット大小比較回路

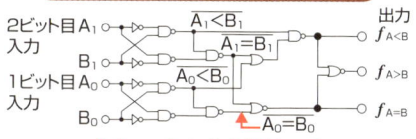

(a) 2ビット大小比較回路

1ビット目入力		2ビット目入力		出力		
A_0	B_0	A_1	B_1	$f_{A<B}$	$f_{A=B}$	$f_{A>B}$
0	0	0	0	0	1	0
1	0	0	0	0	0	1
0	1	0	0	1	0	0
1	1	0	0	0	1	0
0	0	1	0	0	0	1
1	0	1	0	0	0	1
0	1	1	0	0*	0	1
1	1	1	0	0	0	1
0	0	0	1	1	0	0
1	0	0	1	1	0	0**
0	1	0	1	1	0	0
1	1	0	1	1	0	0
0	0	1	1	0	1	0
1	0	1	1	0	0	1
0	1	1	1	1	0	0
1	1	1	1	0	1	0

(注) *印:2ビット目A_1、B_1入力を優先
　　**印:2ビット目A_1、B_1入力を優先

(b) 2ビット大小比較回路の真理値表

図3 4ビット大小比較回路

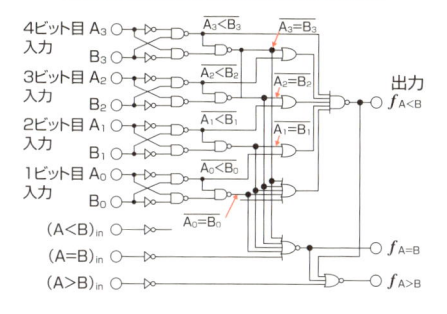

図4 位相比較回路

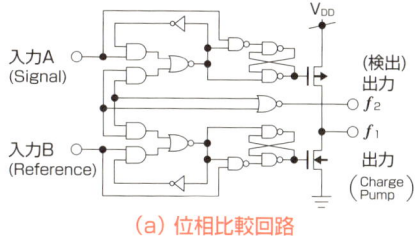

(a) 位相比較回路

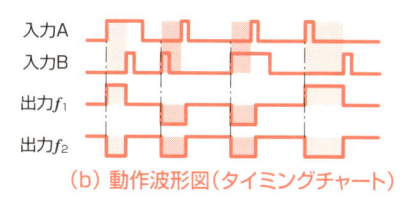

(b) 動作波形図(タイミングチャート)

用語解説

位相差(Phase Difference):位相差とは、データ入力A、Bの1レベルになるタイミングのずれをさします。

21 多数決はどのように行なうの？

多数決論理回路

多数決とは？　例えば、3名の参加者(A、B、C)がいる会議において、2名以上の賛成があれば議案が議決し、2名以上の反対があれば議案が否決することで、3入力データに対して2入力データが1レベルであれば出力 f が1レベル、2入力データが0レベルであれば出力 f が0レベルになる回路を"3入力多数決論理回路"と呼びます(図1参照)。

この回路の延長として、"5入力多数決論理回路"があり、任意の3入力データ以上が1レベルならば出力 f が1レベルに、3入力データが0レベルであれば出力 f が0レベルになります(図2参照)。

この回路において、「賛成者が何人か？」をみるには多数決論理回路を応用した"っ/5入力検出回路"を用います。つまり、5入力データの内、1入力データが1レベルであれば出力 f_1 が1レベルに、2入力データが1レベルであれば出力 f_2 が1レベルに、3入力データが1レベルであれば出力 f_3 が1レベルに…というように、

5入力データが1レベルであれば出力 f_5 が1レベルになる回路で(図3参照)、5名の参加者(A、B、C、D、E)がいるうち、3名以上の賛成があれば出力 f_3 が1レベルになる回路です。

この考え方を延長しますと、7入力データの内、いくつのデータが1レベルになったかをみることができ、この回路を"っ/7入力検出回路"と呼びます(図4参照)。

このように、多数決論理回路は入力データの過半数の入力データに依存し、すべてのデータの変数が確定していなくてもデータと言えるでしょう。この回路は、雑音で埋もれたデータの再現や各種の認識回路等に広く応用されています。

要点BOX
● m入力データのうち、過半数以上が1レベルならば、出力 f_m が1レベルになる回路を"m入力多数決論理回路"と呼ぶ。

図1 3入力多数決論理回路

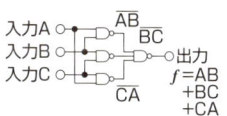

(a) 3入力多数決論理回路
$f = AB + BC + CA$

(b) 3入力多数決論理記号

(c) 真理値表

10進数	A	B	C	f
0	0	0	0	0
1	1	0	0	0
2	0	1	0	0
3	1	1	0	1
4	0	0	1	0
5	1	0	1	1
6	0	1	1	1
7	1	1	1	1

図2 5入力多数決論理回路

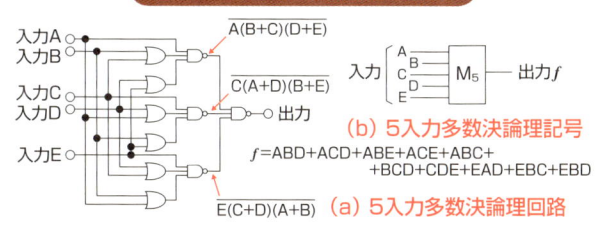

(a) 5入力多数決論理回路
$f = ABD + ACD + ABE + ACE + ABC + BCD + CDE + EAD + EBC + EBD$

(b) 5入力多数決論理記号

(c) 真理値表-1

10進数	A	B	C	D	E	f
0	0	0	0	0	0	0
1	1	0	0	0	0	0
2	0	1	0	0	0	0
3	1	1	0	0	0	0
4	0	0	1	0	0	0
5	1	0	1	0	0	0
6	0	1	1	0	0	0
7	1	1	1	0	0	1
8	0	0	0	1	0	0
9	1	0	0	1	0	0
10	0	1	0	1	0	0
11	1	1	0	1	0	1
12	0	0	1	1	0	0
13	1	0	1	1	0	1
14	0	1	1	1	0	1
15	1	1	1	1	0	1

(c) 真理値表-2

10進数	A	B	C	D	E	f
16	0	0	0	0	1	0
17	1	0	0	0	1	0
18	0	1	0	0	1	0
19	1	1	0	0	1	1
20	0	0	1	0	1	0
21	1	0	1	0	1	1
22	0	1	1	0	1	1
23	1	1	1	0	1	1
24	0	0	0	1	1	0
25	1	0	0	1	1	1
26	0	1	0	1	1	1
27	1	1	0	1	1	1
28	0	0	1	1	1	1
29	1	0	1	1	1	1
30	0	1	1	1	1	1
31	1	1	1	1	1	1

図3 n/5入力検出回路

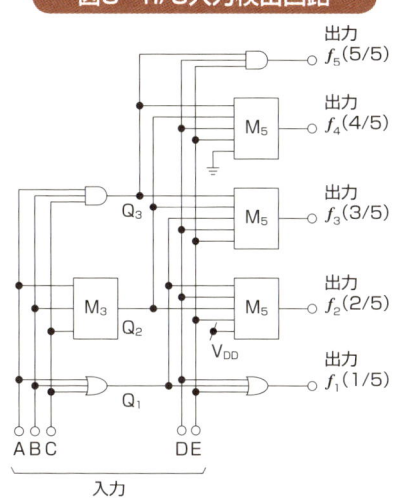

出力 $f_5(5/5)$
出力 $f_4(4/5)$
出力 $f_3(3/5)$
出力 $f_2(2/5)$
出力 $f_1(1/5)$

入力 A B C D E

図4 n/7入力検出回路

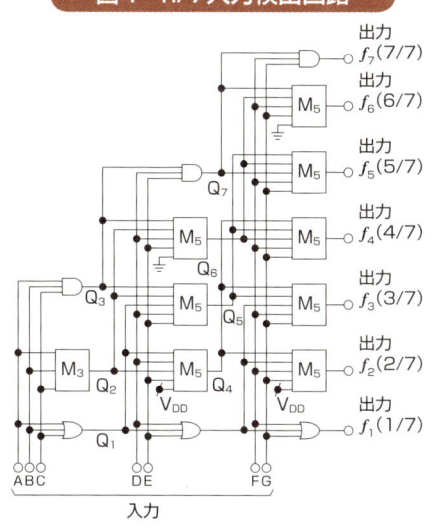

出力 $f_7(7/7)$
出力 $f_6(6/7)$
出力 $f_5(5/7)$
出力 $f_4(4/7)$
出力 $f_3(3/7)$
出力 $f_2(2/7)$
出力 $f_1(1/7)$

入力 A B C D E F G

22 コード変換ってなぁーに？―その1

Decimal-BCDエンコーダ

10進数0～9で表わされる入力信号を1ビット（1、0レベル）で表わされる2進数の出力信号にコード（符号）変換する回路を"エンコーダ"、もしくは、"符号化回路"と呼びます。つまり、私たちが普段から使っている数字をデジタル回路で使う数字に変換する回路をエンコーダと呼びます。

代表的なエンコーダは、電卓のキー入力を変換する回路です。例えば、電卓で10進数（Decimal）の"1"を入力しますと、10進数を符号化したDecimalコード（Decimal Code）D_1のみが1レベル、他のD_2～D_9は0レベルのままになります。Decimalコードとは、10進数を符号化したもので、10進数の1→D_1、2→D_2…というように対応したものです（図1参照）。

デジタル回路では、10進数というとBCD（Binary Coded Decimal）符号化された2進化10進数コードをさし、Decimalコードから BCD符号へ変換する回路を"Decimal-BCDエンコーダ（10ビットエンコーダ）"と呼びます（図2参照）。この回路は、2進数4ビット出力（Q_A、Q_B、Q_C、Q_D）を1桁とし、Decimalコード入力D_0～D_9から2進数4ビット出力信号に対応させ、コード変換する回路です。例えば、DecimalコードD入力をBCD符号出力しますとDecimalコード（Q_A～Q_D）は、$Q_A=1$、$Q_B=1$、$Q_C=0$、$Q_D=0$になります（表1参照）。

この回路は、Decimalコードの10以上になりますとBCD符号出力が所望する信号になりません。例えば、DecimalコードD_3とD_8が同時に入力されますとBCD符号出力が加算されたコードになり、出力コードは $Q_A=1$、$Q_B=1$、$Q_C=0$、$Q_D=1$（10進数の11）になります。このような不具合を解消するために"上位ビット優先型エンコーダ"があります（図3参照）。例えば、D_3とD_8が同時に入力されますと上位ビット入力であるD_8を優先し、Q_A～$Q_C=0$、$Q_D=1$になります。

要点BOX
●エンコーダは、10進数0～9で表わされる入力信号を1ビット（1、0レベル）で表わされる2進数の出力信号にコード（符号）変換する回路。

図1 電卓のキー入力(10進数)とDecimal コード

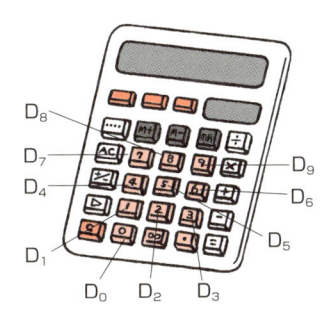

(a) 電卓のキー入力とDecimalコード

(b) 10進数とDecimal コード

10進数	Decimal コード									
	D_9	D_8	D_7	D_6	D_5	D_4	D_3	D_2	D_1	D_0
0	0	0	0	0	0	0	0	0	0	1
1	0	0	0	0	0	0	0	0	1	0
2	0	0	0	0	0	0	0	1	0	0
3	0	0	0	0	0	0	1	0	0	0
4	0	0	0	0	0	1	0	0	0	0
5	0	0	0	0	1	0	0	0	0	0
6	0	0	0	1	0	0	0	0	0	0
7	0	0	1	0	0	0	0	0	0	0
8	0	1	0	0	0	0	0	0	0	0
9	1	0	0	0	0	0	0	0	0	0

図2 Decimal - BCDエンコーダ（10ビットエンコーダ）

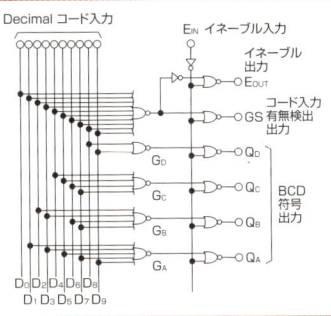

図3 上位ビット優先型 Decimal - BCDエンコーダ

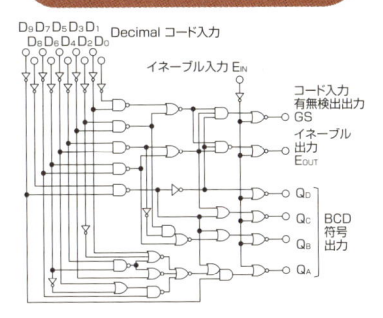

表1 上位ビット優先型Decimal - BCDエンコーダの真理値表

10進数	イネーブル E_{IN}	Decimal コード入力										BCD 符号出力					
		D_9	D_8	D_7	D_6	D_5	D_4	D_3	D_2	D_1	D_0	GS	Q_D	Q_C	Q_B	Q_A	E_{OUT}
—	0	*	*	*	*	*	*	*	*	*	*	0	0	0	0	0	0
—	1	0	0	0	0	0	0	0	0	0	0	0	0	0	0	0	1
0	1	0	0	0	0	0	0	0	0	0	1	1	0	0	0	0	0
1	1	0	0	0	0	0	0	0	0	1	*	1	0	0	0	1	0
2	1	0	0	0	0	0	0	0	1	*	*	1	0	0	1	0	0
3	1	0	0	0	0	0	0	1	*	*	*	1	0	0	1	1	0
4	1	0	0	0	0	0	1	*	*	*	*	1	0	1	0	0	0
5	1	0	0	0	0	1	*	*	*	*	*	1	0	1	0	1	0
6	1	0	0	0	1	*	*	*	*	*	*	1	0	1	1	0	0
7	1	0	0	1	*	*	*	*	*	*	*	1	0	1	1	1	0
8	1	0	1	*	*	*	*	*	*	*	*	1	1	0	0	0	0
9	1	1	*	*	*	*	*	*	*	*	*	1	1	0	0	1	0

（注）＊印の領域は、上位ビット優先型エンコーダでは任意値ですが、優先型でないエンコーダでは0レベルになります。

用語解説

イネーブル（Enable）：「可能にする」という意味で、このイネーブル信号（E_{IN}）が E_{IN}=1 レベルならば回路がアクティブ、つまり、動作することを意味します。この反対語が"ディセーブル（Disable）"です。→ 60項参照。

23 コード変換ってなぁーに？──その2

BCD-Decimalデコーダ

エンコーダ回路と全く逆の動作をする回路、つまり、1、0レベルで表わされる2進数の入力信号を10進数の0〜9で表わされるDecimalコードの出力信号にコード(符号)変換する回路のことを"デコーダ"、もしくは、"復号化回路"と呼びます。つまり、デジタル回路の数字を私たちのわかりやすい数字に変換する回路です。

代表的なデコーダは、"BCD-Decimalデコーダ"です(図1参照)。この回路は、2進数の重み付けした1・2・4・8入力(BCD符号入力)信号(A、B、C、D)からDecimalコード出力(10進数に符号化した出力)の内の一つの信号を選び出す回路です。例えば、2進数(0110)₂のBCD符号入力(A=0、B=1、C=1、D=0)は、符号化したDecimalコード出力D₆(10進数の(6)₁₀)のみが1レベルになり、その他のDecimalコードD₀〜D₅、および、D₇〜D₉が0レベルのままになるような変換を行なう回路です(表1参照)。

この回路では、10進数の10以上のBCD符号入力が供給されないとして回路が構成されていますが、実際には10進数の10以上のBCD符号入力信号が供給されることがあります。このために、10進数の10以上のBCD符号入力供給時には、符号化したDecimalコード出力D₀〜D₉がすべて0レベルになるように対策します(図2参照)。一般に、集積化されているデコーダは、10進数の10以上のBCD符号入力供給時の対策がなされています。なお、この他にBCD符号入力信号を8進コードへ(BCD-Octalデコーダ)、また、16進コードへ変換する回路(BCD-Hexadecimalデコーダ)などがあります。

以上のように、デコーダはn個の2進数入力を2ⁿの出力に変換する回路と言えるでしょう。

要点BOX
●デコーダ回路は、1、0レベルの2進数の入力信号を10進数の0〜9のDecimalコードの出力信号にコード(符号)変換する回路。

表1 BCD-Decimal デコーダの真理値表

10進数	D	C	B	A	D_9	D_8	D_7	D_6	D_5	D_4	D_3	D_2	D_1	D_0
0	0	0	0	0	0	0	0	0	0	0	0	0	0	1
1	0	0	0	1	0	0	0	0	0	0	0	0	1	0
2	0	0	1	0	0	0	0	0	0	0	0	1	0	0
3	0	0	1	1	0	0	0	0	0	0	1	0	0	0
4	0	1	0	0	0	0	0	0	0	1	0	0	0	0
5	0	1	0	1	0	0	0	0	1	0	0	0	0	0
6	0	1	1	0	0	0	0	1	0	0	0	0	0	0
7	0	1	1	1	0	0	1	0	0	0	0	0	0	0
8	1	0	0	0	0	1	0	0	0	0	0	0	0	0
9	1	0	0	1	1	0	0	0	0	0	0	0	0	0
10	1	0	1	0	*	*	*	*	*	*	*	*	*	*
11	1	0	1	1	*	*	*	*	*	*	*	*	*	*
12	1	1	0	0	*	*	*	*	*	*	*	*	*	*
13	1	1	0	1	*	*	*	*	*	*	*	*	*	*
14	1	1	1	0	*	*	*	*	*	*	*	*	*	*
15	1	1	1	1	*	*	*	*	*	*	*	*	*	*

(注) 10進数で10以上のBCD符号入力がないとしますと、*印の領域は任意値ですが、対策しますと*印の領域は0レベルになります。

図1 BCD入力(10進数の10以上)に対して対策なしBCD-Decimal デコーダ

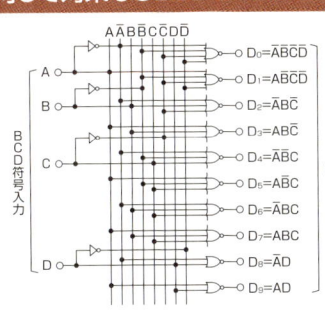

$D_0 = \bar{A}\bar{B}\bar{C}\bar{D}$
$D_1 = A\bar{B}\bar{C}\bar{D}$
$D_2 = \bar{A}B\bar{C}$
$D_3 = AB\bar{C}$
$D_4 = \bar{A}\bar{B}C$
$D_5 = A\bar{B}C$
$D_6 = \bar{A}BC$
$D_7 = ABC$
$D_8 = \bar{A}D$
$D_9 = AD$

図2 BCD入力(10進数の10以上)に対して対策したBCD-Decimal デコーダ

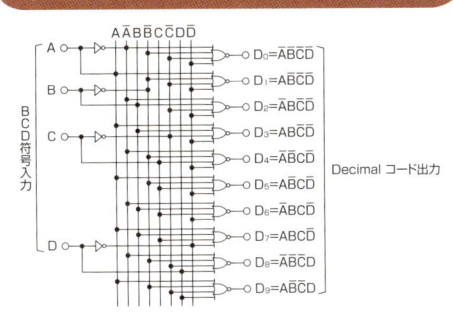

$D_0 = \bar{A}\bar{B}\bar{C}\bar{D}$
$D_1 = A\bar{B}\bar{C}\bar{D}$
$D_2 = \bar{A}B\bar{C}\bar{D}$
$D_3 = AB\bar{C}\bar{D}$
$D_4 = \bar{A}\bar{B}C\bar{D}$
$D_5 = A\bar{B}C\bar{D}$
$D_6 = \bar{A}BC\bar{D}$
$D_7 = ABC\bar{D}$
$D_8 = \bar{A}\bar{B}\bar{C}D$
$D_9 = A\bar{B}\bar{C}D$

用語解説

符号化(Encoding)、復号化(Decoding)：デジタル処理のために、2値論理(1、0レベル論理)データに変換することを"符号化"と呼び、変換された2値論理データを元のデータへ戻すことを"復号化"と呼びます。

24 コード変換ってなぁーに？—その3

BCD-7セグメントデコーダ

デジタル処理されたデータは、人の目によって認識される必要があり、このために、液晶表示装置（LCD：Liquid Crystal Display）や発光ダイオード表示装置（LED：Light Emitting Display）などの各種表示装置があります。中でも最もポピュラーな表示装置が7セグメント表示装置です。この表示装置は、七つの表示する枝a～g（これを「セグメント」と呼称）があり、この各セグメントへデータを送り、必要な数字などを表示させます（図1参照）。この各セグメント点灯のためにBCD符号信号を7セグメントへ変換する回路が必要で、この回路を"BCD-7セグメントデコーダ"と呼びます（図2参照）。

このデコーダは、BCD符号入力信号（A～D）からDecimalコード出力信号（D_0～D_9）へ変換し、そのDecimalコード信号から7セグメント出力信号（a～g）を得る2段ゲート構成の回路になっています。例えば、BCD符号入力信号が2コードデータ（A＝0、B＝1、C＝0、D＝0）ですと、1段ゲートのDecimalコード出力D_2のみが0レベルになり、その他のDecimalコード出力（D_0～D_1、および、D_3～D_9）は1レベルになります。このDecimalコードデータD_2を入力したセグメント出力S_c、S_fが0レベルになり、その他の出力（S_a～S_b、S_d～S_e、および、S_g）は1レベルになります。

この結果、セグメントS_c、S_fが不点灯になり、その他のセグメントは点灯しますので10進数の"2"が表示されるのです。なお、この回路は10進数の10以上のBCD符号入力データが供給されますと、各セグメントは任意の表示を行ないますので、10進数の10以上のBCD符号入力データの供給がないものとしています。

この2段ゲート構成のデコーダは、配線が多くなり、集積化し難い面がありますので論理式を展開して1段ゲート構成の回路に変形し、回路規模を小さくして集積回路化します（図3参照）。

要点BOX

● BCD-7セグメントデコーダは、BCD符号入力信号（A～D）を7セグメント信号へ変換する回路。

図1 7セグメント表示素子

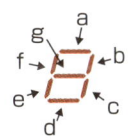

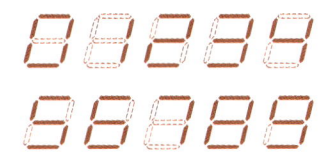

(a) 全体表示時

(b) 7セグメント表示素子の代表的な数字例

図2 BCD - 7セグメントデコーダ

10進数	BCD 符号入力 D C B A	7セグメント出力 S_a S_b S_c S_d S_e S_f S_g
0	0 0 0 0	1 1 1 1 1 1 0
1	0 0 0 1	0 1 1 0 0 0 0
2	0 0 1 0	1 1 0 1 1 0 1
3	0 0 1 1	1 1 1 1 0 0 1
4	0 1 0 0	0 1 1 0 0 1 1
5	0 1 0 1	1 0 1 1 0 1 1
6	0 1 1 0	1 0 1 1 1 1 1
7	0 1 1 1	1 1 1 0 0 0 0
8	1 0 0 0	1 1 1 1 1 1 1
9	1 0 0 1	1 1 1 1 0 1 1
10	1 0 1 0	* * * * * * *
11	1 0 1 1	* * * * * * *
12	1 1 0 0	* * * * * * *
13	1 1 0 1	* * * * * * *
14	1 1 1 0	* * * * * * *
15	1 1 1 1	* * * * * * *

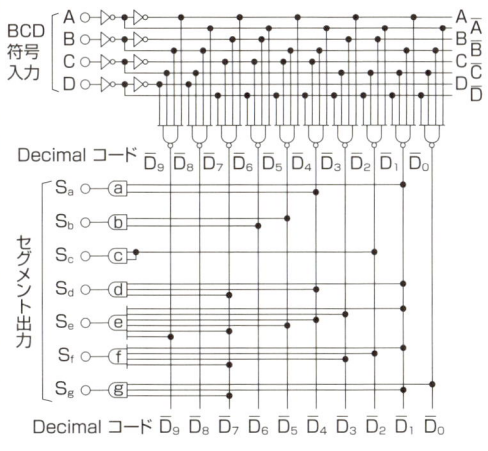

(注)表示素子は、7セグメント出力が1レベルで点灯します。
なお、10進数の10以上の数は任意値になります。

(a) BCD-7セグメントデコーダの真理値表

(b) 2段ゲート構成BCD - 7セグメントデコーダ

図3 1段ゲート構成のBCD - 7セグメントデコーダ

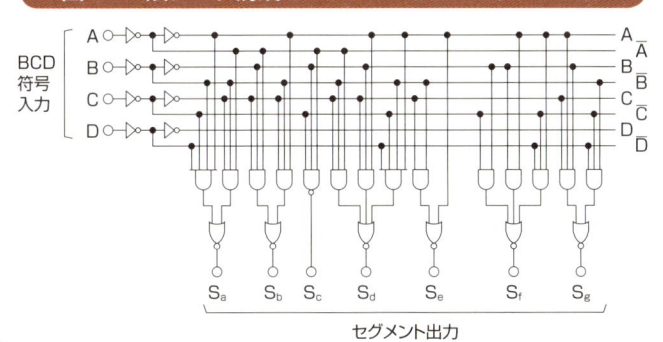

用語解説

液晶表示装置(LCD)：LCDはLiquid Crystal Displayの略で、液晶組成物を利用する平面状で薄型の表示装置をさし、それ自体発光しないために一般には、バックライトと呼ばれる光源をもつ。

25 電子スイッチってなぁーに？──その1

マルチプレクサ

テレビ、ラジオなどは、機械式スイッチから電子式スイッチへ、また、効率的な通信のために複数のデータを一つのストリーム化して送信します。このようにいくつかのデータ信号を一つのラインに取り出す機能、つまり、機械式ロータリースイッチの役目をする回路が"マルチプレクサ(Multiplexer)"です（図1参照）。では、このマルチプレクサ（電子スイッチ）は、どのような回路からできているのでしょうか？

今、四つのデータ信号 x_0～x_3 を選択入力信号A、Bによって一つの出力 f に取り出す回路を考えてみましょう。この回路を、"4チャネルマルチプレクサ"と呼び、"デコーダのようなゲートの組み合せ回路（ゲート型）で実現できます（図2参照）。

この回路において、選択入力信号 A=0、B=0 としますと、ゲート G_0 が導通し、他のゲート G_1、G_2、G_3 が非導通になり、データ信号 x_0 が出力 f に取り出されます。同様に、選択入力信号 A=1、B=0 としますと、データ信号 x_1、A=0、B=1 としますと、データ信号 x_2、A=1、B=1 としますと、データ信号 x_3 が出力 f に取り出されます。

この4チャネルマルチプレクサは、変形回路としてクロックド CMOS インバータ（通称 C²MOS®、図3参照）によっても構成できます。これらゲート、あるいは、C²MOS® による回路は、データ信号（x_0～x_3）が1、0レベルを扱うデジタルデータ（デジタル型）になります。アナログデータ（アナログ型）を扱うには、MOSトランジスタを用いた伝送ゲートの組み合わせによってアナログ型マルチプレクサを構成します（図4参照）。

このように、マルチプレクサ（電子スイッチ）にはデジタル型とアナログ型がありますので、応用面での選択が必要になります。

要点BOX
●マルチプレクサ（電子スイッチ）は、複数のデータを一つのラインにのせて送り出す回路で、デジタル型とアナログ型がある。

図1 4チャネルマルチプレクサ

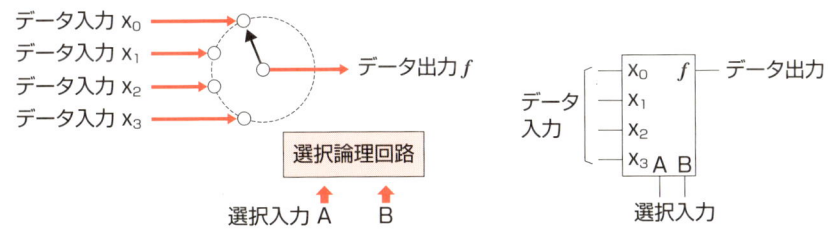

データ入力 x_0
データ入力 x_1
データ入力 x_2
データ入力 x_3
データ出力 f
選択論理回路
選択入力 A B

(a) 4チャネルマルチプレクサの原理図

(b) 論理記号

図2 4チャネルマルチプレクサ(ゲート型)

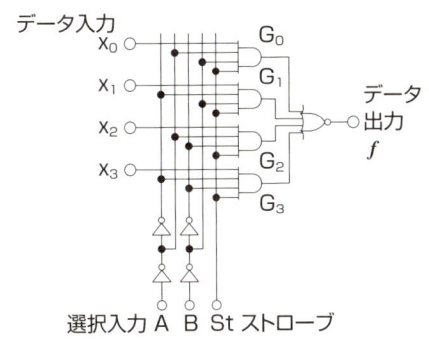

データ入力 x_0, x_1, x_2, x_3
G_0, G_1, G_2, G_3
データ出力 f
選択入力 A B St ストローブ

ストローブ St	選択入力 A	選択入力 B	データ出力 f
0	*	*	1
1	0	0	x_0
1	1	0	x_1
1	0	1	x_2
1	1	1	x_3

* 印:任意値

(a) 4チャネルマルチプレクサ(74HC153)

(b) 真理値表

図3 デジタル型4チャネルマルチプレクサ

入力 x_0, x_1, x_2, x_3
出力 f
クロックドCMOSインバータ
N-MOS信号を示します。
選択入力 A B 選択入力

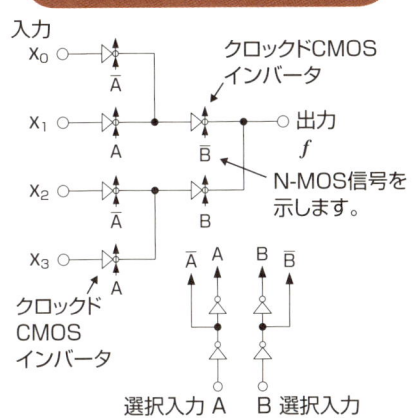

図4 アナログ型4チャネルマルチプレクサ

入力 x_0, x_1, x_2, x_3
出力 f
伝送ゲート
N-MOS信号を示します。
選択入力 A B 選択入力

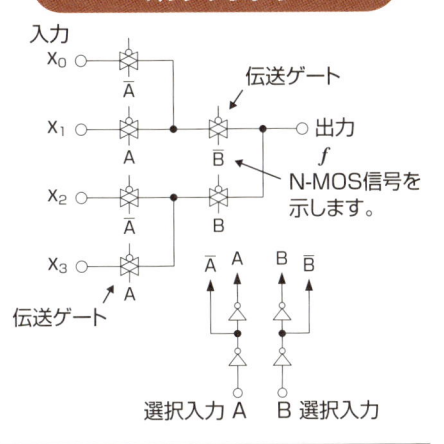

用語解説

ストリーム(Stream):「物の流れ」を意味し、通信分野では、データをシーケンシャルに伝送、または、処理する仕組み。

26 電子スイッチってなぁーに？─その2

デ・マルチプレクサ

前項のマルチプレクサ（電子スイッチ）と逆に、一つのデータ信号xをいくつかの出力ラインのいずれかに取り出す機能、つまり、機械式ロータリースイッチの役目をする回路が"デ・マルチプレクサ(De-multiplexer)"です（図1参照）。例えば、一つにまとめられたストリームを元の複数のデータに戻す必要があり、これにデ・マルチプレクサ（電子スイッチ）が用いられます。では、このデ・マルチプレクサはどのような回路からできているのでしょうか？

今、一つのデータ信号xを選択入力信号A、Bによって四つの出力 f_0〜f_3 に取り出す回路を考えてみましょう。この回路を"4チャネル デ・マルチプレクサ"と呼び、デコーダのようなゲートの組み合わせ回路（ゲート型）で実現できます（図2参照）。

この回路において、選択入力信号A＝0、B＝0としますと、ゲート G_0 が導通し、他のゲート G_1、G_2、G_3 が非導通になり、データ信号xが出力 f_0 に取り出され、他の出力 f_1〜f_3 は0レベルになります。同様に、選択入力信号A＝1、B＝0としますとデータ信号xが出力 f_1 に、A＝0、B＝1としますとデータ信号xが出力 f_2 に、A＝1、B＝1としますとデータ信号xが出力 f_3 に取り出されます。

この4チャネル デ・マルチプレクサは、変形回路としてクロックド CMOS インバータ（通称 C²MOS®、図3参照）によっても構成できます。これらゲート、あるいは、C²MOS® による回路は、データ信号(x)が1、0レベルを扱うデジタルデータ（デジタル型）になります。アナログデータ（アナログ型）を扱うには、MOS トランジスタを用いた伝送ゲートの組み合わせによってアナログ型デ・マルチプレクサを構成します（図4参照）。

このように、デ・マルチプレクサ（電子スイッチ）にはデジタル型とアナログ型がありますので、応用面での選択が必要になります。

要点BOX
●デ・マルチプレクサ（電子スイッチ）は、一つのデータをいくつかの出力ラインのいずれかに取り出す回路で、デジタル型とアナログ型がある。

図1 4チャネルデ・マルチプレクサ

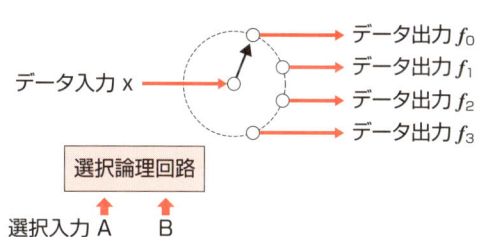

（a）4チャネルデ・マルチプレクサの原理図

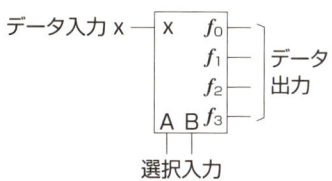

（b）論理記号

図2 4チャネルデ・マルチプレクサ（ゲート型）

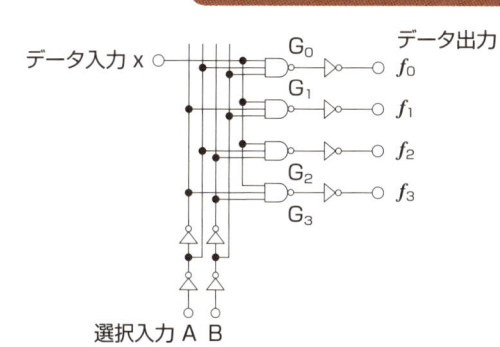

（a）4チャネルデ・マルチプレクサ（4555）

選択入力		データ出力			
A	B	f_0	f_1	f_2	f_3
0	0	x	0	0	0
1	0	0	x	0	0
0	1	0	0	x	0
1	1	0	0	0	x

（b）真理値表

図3 デジタル型4チャネルデ・マルチプレクサ

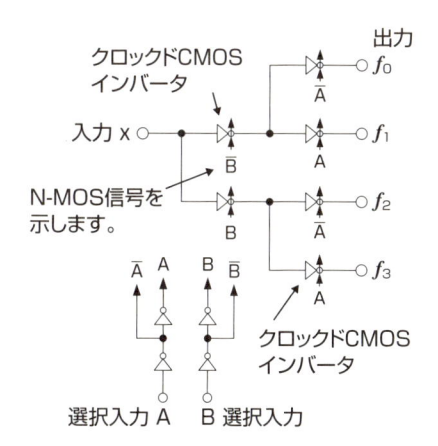

図4 アナログ型4チャネルデ・マルチプレクサ

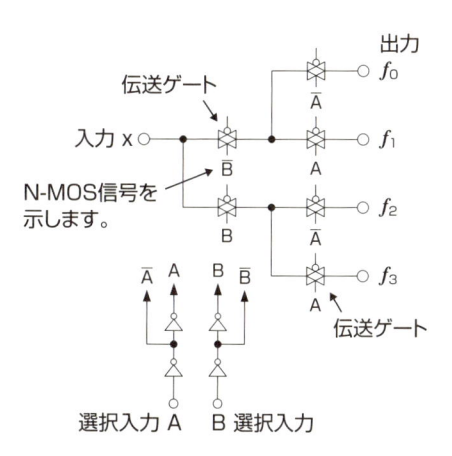

Column ③

伝送ゲートってなぁーに？
(アナログスイッチ)

伝送ゲートは、アナログスイッチとも呼ばれ、P-MOSトランジスタ(MOST)とN-MOSTのソース・ドレイン電極を接続し、その電極を入出力とし、ゲート電極にコントロール信号（φ、-φ）を供給する回路です。今、φ=1ですとP-MOST、N-MOSTが同時にオンして入出力(a-f)間が数百〜数kΩ位の低インピーダンスになり、データを入力から出力へ伝送して出力にある容量C_Lにデータを蓄積します。一方、φ=0ですと、P-MOST、N-MOSTが同時にオフして入出力(a-f)間が高インピーダンス(Z)になり、出力にある容量C_Lにデータを記憶し続けます（図1参照）。

この伝送ゲートは、コントロール信号（φ、-φ）として直流電圧を印加しますと抵抗素子になります。その抵抗値は、用いるP-MOST、N-MOSTの幾何学的寸法、製造パラメータ等で決定されます。この抵抗は、P-MOSTのみ、あるいはN-MOSTのみですと直線性の少ない非線形抵抗になりますのでP-MOSTとN-MOSTの両者を組み合せた伝送ゲートにします（図2参照）。また、MOSTのしきい電圧のバラツキによって非線形抵抗になりますのでMOSTの基板（サブストレート）変調を用いた伝送ゲートにします。

図2 伝送ゲートのオン抵抗

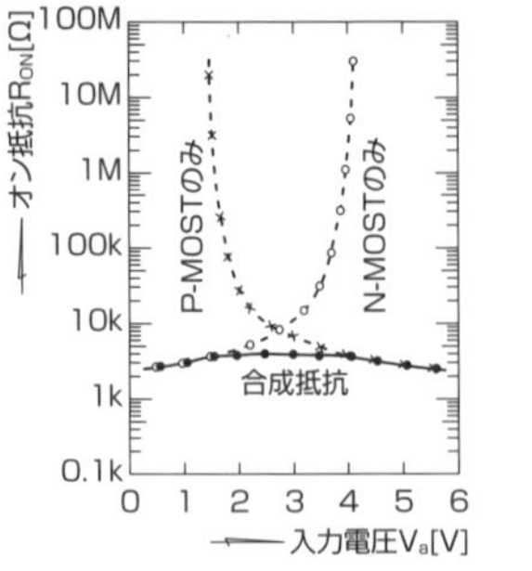

（グラフ：横軸 入力電圧 V_a [V] 0〜6、縦軸 オン抵抗 R_{ON} [Ω] 0.1k〜100M。P-MOSTのみ、N-MOSTのみ、合成抵抗の特性曲線）

図1 CMOS伝送ゲート

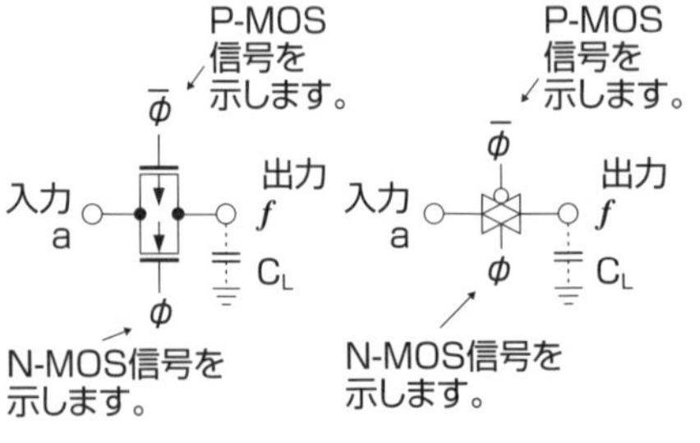

(a) 伝送ゲート — 入力a、出力f、C_L、P-MOS信号(-φ)、N-MOS信号(φ)

(b) 論理記号 — 入力a、出力f、C_L、-φ、φ

(c) 真理値表

入力a	コントロール φ	出力 f	動作状態
0	1	0	オン
1	1	1	
*	0	z	オフ

（注）*：任意値、z：高インピーダンス

第4章 情報（データ）記憶能力をもつデジタル回路
（順序論理回路）

27 情報を一時記憶するデジタル回路とは？──その1

非同期式RS-FF

順序論理回路は、過去のデータと現在のデータによって出力が決まり、出力後のデータを記憶する能力を持っています。

一番シンプルな順序論理回路は、インバータを2個"たすき掛け"にした回路（一時記憶回路）で基本フリップフロップ（Flip-Flop：FF／双安定回路）と呼ばれています（図1参照）。このFFは、出力Q＝1、$\overline{Q}$＝0、あるいは、出力Q＝0、$\overline{Q}$＝1の二つの安定した状態をもち、外部から信号を与えない限り、この安定状態を保ち続けます。この回路は電源投入時、出力Q、$\overline{Q}$の記憶状態がわからない欠点を持ちますので外部から信号を与えて実用化します。この外部から信号を与え、記憶状態がわかるようにした回路が"RSフリップフロップ（RS-FF）"です。今、NORゲートを用いたRS-FFを見てみましょう（図2参照）。

この回路は、入力R＝1、S＝0を供給しますと、Rの信号がQに、Qが$\overline{Q}$に伝わり、出力Q＝0、$\overline{Q}$＝1になります（リセット）。一方、入力R＝0、S＝1を供給しますとSがQに伝わり、出力Q＝1、$\overline{Q}$＝0になります（セット）。また、入力R＝0、S＝0ですと出力Q、$\overline{Q}$はデータを記憶し続けます（保持）。しかし、入力R＝1、S＝1ですと出力Q、$\overline{Q}$ともに0になり、不安定になります（禁止入力状態）。

このRS-FFは、入力R、S共に立ち上りエッジで動作し、時間（クロック信号）に関係なく動作しますので、"立ち上りエッジ動作非同期式RS-FF"と呼ばれます。

ここで、出力Q＝1にさせる入力はプリセットPR、また、出力Q＝0にさせる入力はクリアCLと書くことがあります。また、ゲートでの表記でなく、ボックス型で表記することもあります。

この他に、NANDゲートを用いた立ち下りエッジ動作非同期式RS-FFがあり、NORゲートを用いたFFに対して、入力レベルが逆になり、入力名が、R→$\overline{R}$、S→$\overline{S}$になります（図3参照）。

要点BOX
●過去の入力データに依存し、しかも、現在の入力データによって出力状態を決める回路を"順序論理回路"と呼ぶ。

図1 基本フリップフロップ（双安定回路）

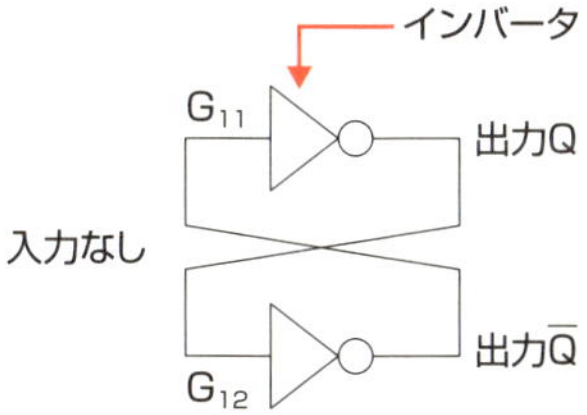

インバータ / 入力なし / G_{11} / G_{12} / 出力Q / 出力$\bar{Q}$

図2 立ち上りエッジ動作非同期式RSフリップフロップ（NORゲート型）

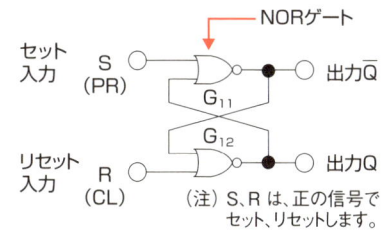

セット入力 S (PR) / リセット入力 R (CL) / NORゲート / G_{11} / G_{12} / 出力$\bar{Q}$ / 出力Q

（注）S、Rは、正の信号でセット、リセットします。

（注）
PR：プリセット
　セットと同じで、PR = 1 ですと出力を1レベルへ
CL：クリア
　リセットと同じで、CL = 1 ですと出力を0レベルへ

(a) RSフリップフロップ (RS-FF)

入力セット S	入力リセット R	出力 Q_{n+1}	出力 $\overline{Q_{n+1}}$	動作状態
0	0	Q_n	$\bar{Q}_n$	保持
0	1	0	1	リセット
1	0	1	0	セット
1	1	不定		禁止

（注）出力 Q_n：n 時間の出力、
　　　出力 Q_{n+1}：n+1 時間の出力を示します。

(b) 真理値表

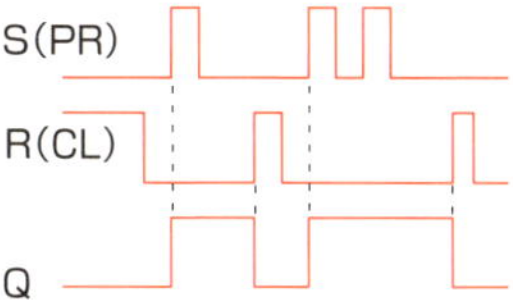

(c) 動作波形

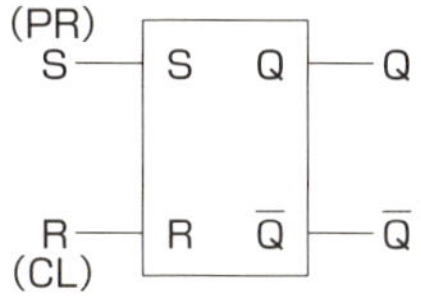

S(PR) / R(CL) / Q

(d) RS-FFブロック回路

(PR) S — S Q — Q
(CL) R — R $\bar{Q}$ — $\bar{Q}$

図3 立ち下りエッジ動作非同期式RSフリップフロップ（NANDゲート型）

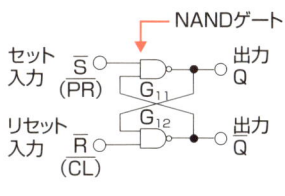

セット入力 $\bar{S}$ (PR) / リセット入力 $\bar{R}$ (CL) / NANDゲート / G_{11} / G_{12} / 出力Q / 出力$\bar{Q}$

（注）$\bar{S}$、$\bar{R}$は、負の信号でセット、リセットします。

(a) RSフリップフロップ

入力セット $\bar{S}$	入力リセット $\bar{R}$	出力 Q_{n+1}	出力 $\overline{Q_{n+1}}$	動作状態
0	0	不定		禁止
0	1	1	0	セット
1	0	0	1	リセット
1	1	Q_n	$\bar{Q}_n$	保持

（注）出力 Q_n：n 時間の出力、
　　　出力 Q_{n+1}：n+1 時間の出力を示します。

(b) 真理値表

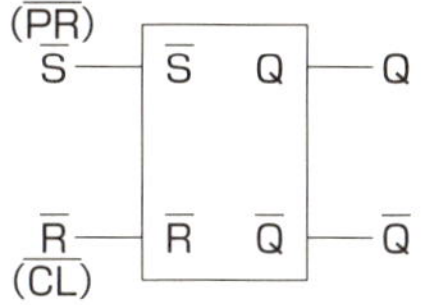

(c) RS-FFブロック回路

$(\overline{PR})$ $\bar{S}$ — $\bar{S}$ Q — Q
$(\overline{CL})$ $\bar{R}$ — $\bar{R}$ $\bar{Q}$ — $\bar{Q}$

用語解説

フリップフロップ(Flip-Flop、略して、FF)：Flip(軽く打つ)とFlop(パタパタ動く)からきており、記憶状態が反転を繰り返す回路の意味です。

28 情報を一時記憶するデジタル回路とは？―その2

同期式RS-FF

単純なたすき掛けRS-フリップフロップ（非同期式RS-FF）は、セット信号S、あるいは、リセット信号Rにノイズが載りますと内部状態が反転し、誤動作を生じてしまいますので、対策として、同期式RS-FFを用います。

この同期式RS-FFは、基本RS-FFの前に一段ゲートを設け、クロックパルス（同期信号）φを用いて、そのゲートを一定時間のみ導通させ、誤動作を防止します（図1参照）。つまり、同期式RS-FFは、セット信号S、リセット信号Rが入力されただけでは動作せず、クロックパルスφによってデータを同期化して取り込み、ノイズによる誤動作を抑えることができるので、この回路を"同期式RSラッチ"とも言えるでしょう。「チャタリング防止機能を持つ回路」と言えるでしょう。

なお、基本RS-FFの前に設けた一段ゲートのクロックパルスφを1レベルに固定した回路（従来の非同期RS-FF相当）ですと、リセットR=0、セットS=0の時、前のデータ（例えば、1レベル）を保持します。ここで、Rにノイズが入りますと出力Qは0レベルになり、続いて、Sにノイズが入りますと出力Qは1レベルになります。さらに、Rにノイズが入りますと出力Qは0レベルと言うように誤った動作を行ないます。この誤り動作を防止するためにクロックパルスφで開閉するゲートを一段設けて、φが1レベルの時にデータを取り込み（立ち上りエッジ動作）、ノイズによる誤動作を抑えます。このNANDゲートによる回路を立ち上りエッジ動作同期式RS-FFと呼びます。

これに対して、NORゲートによる回路は、クロックパルスφが0レベルの時にデータを取り込みますので立ち下りエッジ動作同期式RS-FFと呼びます（図2参照）。

これらの同期式RS-FFは、禁止入力状態がありますので、使用に際しては留意が必要です。

要点BOX
● 同期式RS-フリップフロップは、クロックパルスφによってデータ信号を同期化してノイズによる誤動作を抑えることのできる回路。

図1 立ち上りエッジ動作同期式RSフリップフロップ（NANDゲート型）

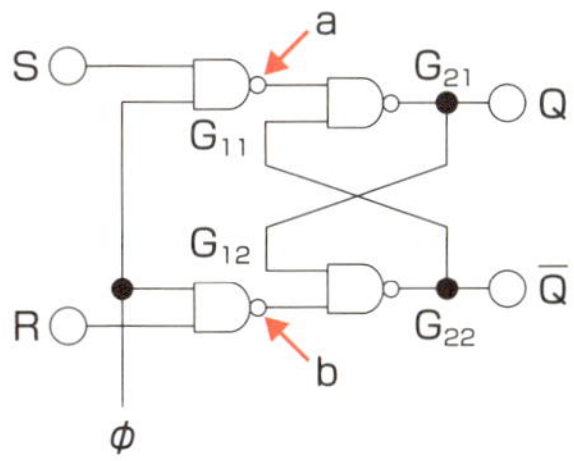

(a) NANDゲート同期式RS-FF

(d) 同期式RS-FFの真理値表

クロック ϕ	入力 S	入力 R	出力 Q_{n+1}	出力 $\overline{Q_{n+1}}$	動作状態
1	0	0	Q_n	$\overline{Q_n}$	保持
1	0	1	0	1	リセット動作
1	1	0	1	0	セット動作
1	1	1	不定		禁止
0	*	*	Q_n	$\overline{Q_n}$	保持

（注）*印：任意値

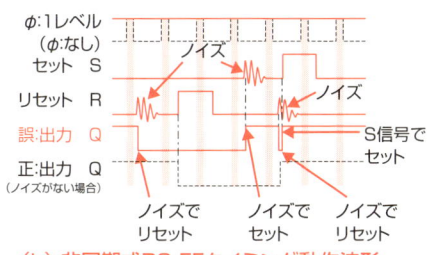

(b) 非同期式RS-FFタイミング動作波形

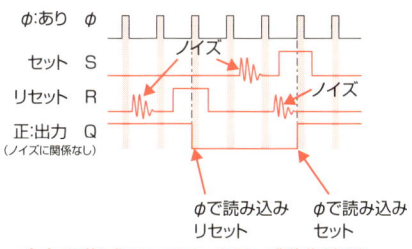

(c) 同期式RS-FFタイミング動作波形

図2 立ち下りエッジ動作同期式RSフリップフロップ（NORゲート型）

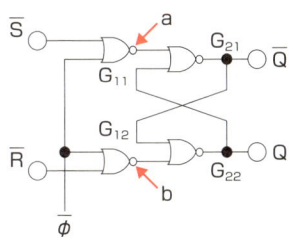

(a) NORゲート同期式RS-FF

(d) 同期式RS-FFの真理値表

クロック $\overline{\phi}$	入力 $\overline{S}$	入力 $\overline{R}$	出力 Q_{n+1}	出力 $\overline{Q_{n+1}}$	動作状態
0	0	0	不定		禁止
0	0	1	1	0	セット動作
0	1	0	0	1	リセット動作
0	1	1	Q_n	$\overline{Q_n}$	保持
1	*	*	Q_n	$\overline{Q_n}$	保持

（注）*印：任意値

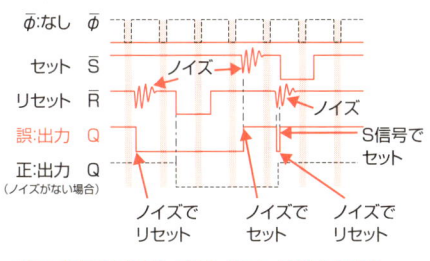

(b) 非同期式RS-FFタイミング動作波形

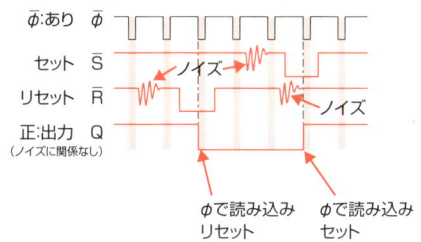

(c) 同期式RS-FFタイミング動作波形

用語解説

チャタリング防止：56項参照。
クロックパルス（Clock Pulse）：8項参照。
立ち上りエッジ動作、立ち下りエッジ動作：8項参照。

29 情報を一時記憶するデジタル回路とは？──その3

優先型RS-FF

前述のRS-FFは、入力信号R、Sが共に信号ありの時、内部状態が1レベルか、0レベルか不明になり、禁止入力状態になります。この禁止入力状態をなくすために非同期式／同期式セット／リセット優先型RS-FFがあります（図1&2参照／注：図中の○印は優先入力を示します）。

セット優先型RS-FFは、セット信号Sをリセット信号Rより優先させるようにした回路です。また、リセット優先型RS-FFは、リセット信号Rをセット信号Sより優先させるようにした回路です。どちらの優先型RS-FFも非同期式／同期式ともに禁止入力状態がなくなります。

例えば、NANDゲートを用いた同期式セット優先型RS-FF（図2(a)参照）を考えてみましょう。禁止入力時、つまり、セット信号S、リセット信号Rが共に1レベルの禁止入力状態の時、クロックパルスφが1レベルになりますとセット前段ゲートG11が導通になり、その出力（a点）が0レベルになり、リセット前段ゲートG12を非導通にさせ、リセット入力Rの供給を止めてしまいます。よって、出力（b点）が1レベルになります。また、a点の0レベルによって出力Qは1レベルになります。さらに、b点が1レベル、出力Qが1レベルより出力 $\bar{Q}$ は0レベルになり、安定した状態に入り、セット信号Sが優先されたことになります。この優先型RS-FFは、入力信号を入れ替えれば、リセット優先型RS-FFになります。

このように、セット／リセット優先型RS-FFは、どちらかの入力信号を他方の入力信号で抑えるような形で回路構成されていますので、禁止入力状態がないので使いやすいフリップフロップと言えるでしょう。

要点BOX
- セット／リセット優先型RS-FFは、どちらかの入力信号を他方の入力信号で抑える回路にし、禁止入力状態をなくしたフリップフロップ。

図1　非同期式セット優先型RS-フリップフロップ（FF）

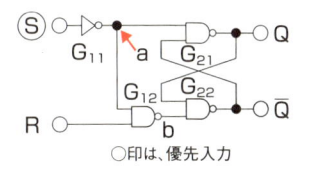

① NANDゲートRS-FF　　　　　　　　① NORゲートRS-FF

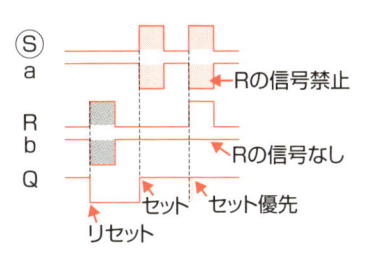

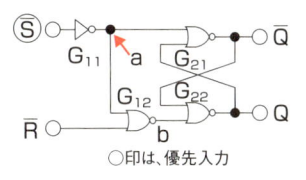

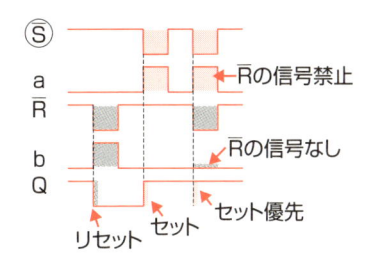

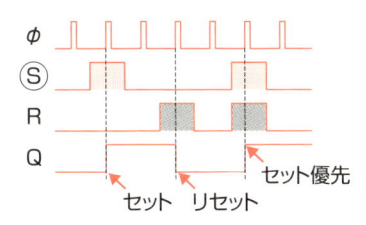

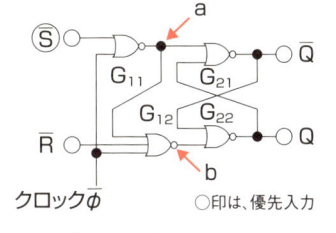

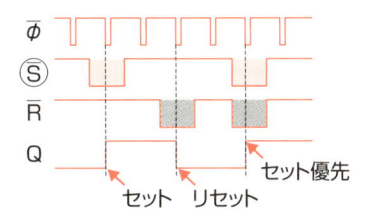

○印は、優先入力

② NANDゲートRS-FF動作波形　　　② NORゲートRS-FF動作波形

（a）NANDによる非同期式優先型RS-FF　　（b）NORによる非同期式優先型RS-FF

図2　同期式セット優先型RS-フリップフロップ（FF）

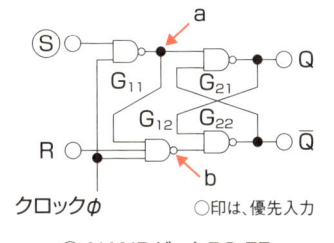

① NANDゲートRS-FF　　　　　　　　① NORゲートRS-FF

クロックϕ　　○印は、優先入力　　　　クロック$\overline{\phi}$

② NANDゲートRS-FF動作波形　　　② NORゲートRS-FF動作波形

（a）NANDによる同期式優先型RS-FF　　（b）NORによる同期式優先型RS-FF

30 データを一時捕獲するラッチってなぁーに?

ラッチ回路

ラッチ(Latch)とは、クロック信号（φ）やストローブ信号(St)などのタイミング信号によって非同期データ信号を捕らえ、同期データにして一時記憶する回路です。

最もシンプルなラッチは、同期式RS-FFを用いたもので、前項の同期式セット／リセット優先型RS-FFを利用した回路です（図1参照）。今、このラッチにおいて、時間 n で入力Dにデータが入りますとクロックパルスφによって同期化され、FF内にデータが書き込まれ、出力Qは入力Dと同じデータになり、同期化しますので時間のシフト分（n+1）が生じ、データは $Q_{n+1} = D_n$ になり、記憶されます。

このラッチは、FF利用のために構成素子が多く、集積化しにくい面がありますので、MOS素子のキャパシタ(C_s)を利用し、データを充放電電荷として一時蓄えることでラッチを実現します。最も簡単なラッチは、伝送ゲートによるダイナミック型ラッチですが（コラム·3参照）、キャパシタ(C_s)にリーク抵抗が存在し

ますので記憶する時間に限界が生じます。そこで、伝送ゲート(TG)によるスタティック型を用います（図2参照）。今、クロックパルスφが1レベルの時、TG-1がオンし、データを書き込みます。一方、φが0レベルの時、TG-1がオフし、TG-2がオンしてデータを保持しながら、出力へデータを読み出します。同様な回路にクロックドCMOSインバータを利用したラッチもあります（図3参照）。

このように、ラッチには同期式セット／リセット優先型RS-FF利用のもの、伝送ゲート(TG)利用のもの、クロックドCMOSインバータ(C^2MOSインバータ)利用のラッチなどがありますので、応用面で回路の選択が必要になります。

要点BOX
●ラッチ(Latch)は、クロック信号（φ）やストローブ信号(St)などのタイミング信号によって非同期信号を、同期信号にして一時記憶する回路。

図1 NANDゲートによるラッチ

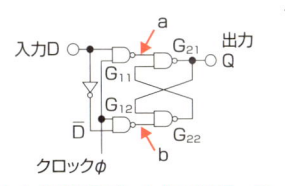

(a) NANDゲートによるラッチ

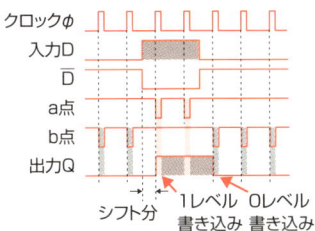

(b) NANDゲートによるラッチの動作波形

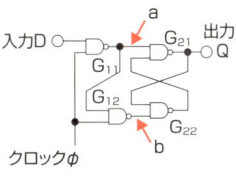

(c) NANDゲートによる変形ラッチ

図2 伝送ゲートによるスタティック型ラッチ

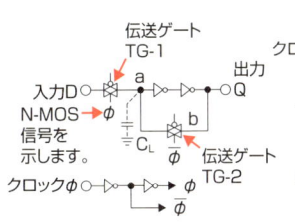

(a) 伝送ゲートによるラッチ

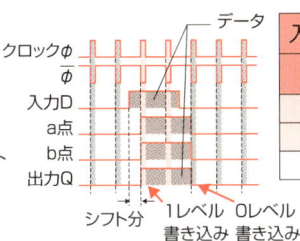

(b) 伝送ゲートによるラッチの動作波形

| 入力&クロック || 出力 | 動作状態 |
φ	D	Q	
1	0	0	データ書き込み
1	1	1	データ書き込み
0	*	保持	読み出し

(注) *:任意値

(c) 真理値表

図3 クロックドCMOSスタティック型ラッチ

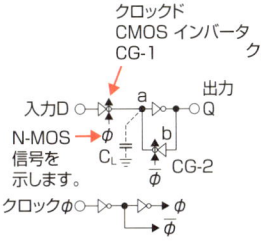

(a) クロックドCMOSによるラッチ

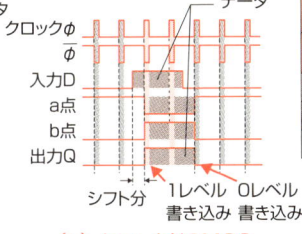

(b) クロックドCMOSによるラッチの動作波形

| 入力&クロック || 出力 Q | 動作状態 |
φ	D		
1	0	0	データ書き込み
1	1	1	データ書き込み
0	*	保持	読み出し

(注) *:任意値

(c) 真理値表

用語解説

$Q_{n+1} = D_n$：n時刻のデータD_nがラッチ内に書き込まれますと、あるシフト分（Q_{n+1}）の遅れが生じますので出力QはデータQ_{n+1}になります。一般には、D型FFの特性式を表わしています。

ダイナミック型：MOS素子のキャパシタ（C_L）に、データを充放電電荷として一時蓄え、論理動作やメモリ動作等を行なわせるようにした回路をダイナミック型と呼びます。

スタティック型：MOS素子のキャパシタ（C_L）を利用せず、基本フリップフロップ（双安定回路）を利用して論理動作やメモリ動作等を行なわせるようにした回路をスタティック型と呼びます。

31 遅延するフリップフロップってなぁーに？─その1

MS型D-FF

出力が入力へ帰還接続されたフリップフロップ（FF）において、クロック信号φが供給され、信号ありのレベルが一定にもかかわらず、出力が1、0レベル二つの状態を交互に変わるような発振的な現象、ラッチを二つ縦続接続し、同じクロック信号φを二つのラッチに供給しますと1段目のラッチ出力が2段目のラッチのクロック信号と2段目のラッチのクロック信号を異なるように供給する回路で、1段目のラッチを"マスター"、2段目のラッチを"スレーブ"と名付け、"マスタースレーブ（MS）型フリップフロップ（FF）"と呼ばれます。

最も基本的な回路は、NORゲートを用いたラッチを二つ縦続接続し、クロック信号φを二つ（φ、 ̄φ）持つ回路で、データを一定の時間遅らせる機能（Delay：遅延）をもたせた"立ち下りエッジ動作MS型D-FF"で

す（図1参照）。このMS型D-FFは、クロックφによって入力データを書き込んで一時保持し、クロックパルス↓φによって保持したデータを読み出します。その出力Q_{n+1}は、入力D_nとクロック信号φで決まり、n時刻における入力データDが1レベルですと出力Q_{n+1}が1レベルになり、データ入力Dをクロック信号φの一周期分（1ビット分）遅延したデータを出力Qに取り出す回路になり、特性式は$Q_{n+1}=D_n$になります。

この回路では、初期値を設定するために直接クリア/直接プリセット入力があります。このD-FFは、伝送ゲートやクロックドCMOSインバータによっても構成できます（図2参照）。また、NANDゲートを用いますと立ち上りエッジ動作型D-FFになります（9項参照）。

以上の機能を利用してMS型D-FFは、"遅延回路"、"シフトレジスタ"、"計数回路（カウンタ）"などに幅広く利用されています。

> **要点BOX**
> ●マスタースレーブ型Dフリップフロップは、1段目ラッチのクロックと2段目ラッチのクロックが異なる遅延回路。

図1 NORゲートによるマスタースレーブ型立ち下りエッジ動作Dフリップフロップ

(a) NORゲートを用いたMS型D-FF

(b) 論理記号

(c) 真理値表

プリセット クリア		入力 データ	クロック	出力 データ		動作状態
$\overline{PR}$	$\overline{CL}$	D_n	ϕ	Q_{n+1}	$\overline{Q_{n+1}}$	
0	0	*	*	1	1	禁止
1	0	*	*	0	1	クリア
0	1	*	*	1	0	プリセット
1	1	0	$\overline{n\diagup n+1}$	0	1	遅延動作
1	1	1	$\overline{n\diagup n+1}$	1	0	
1	1	*	$n\diagdown n+1$	Q_n	$\overline{Q_n}$	保持

(注) *印:任意値

(注)立ち下り エッジ動作

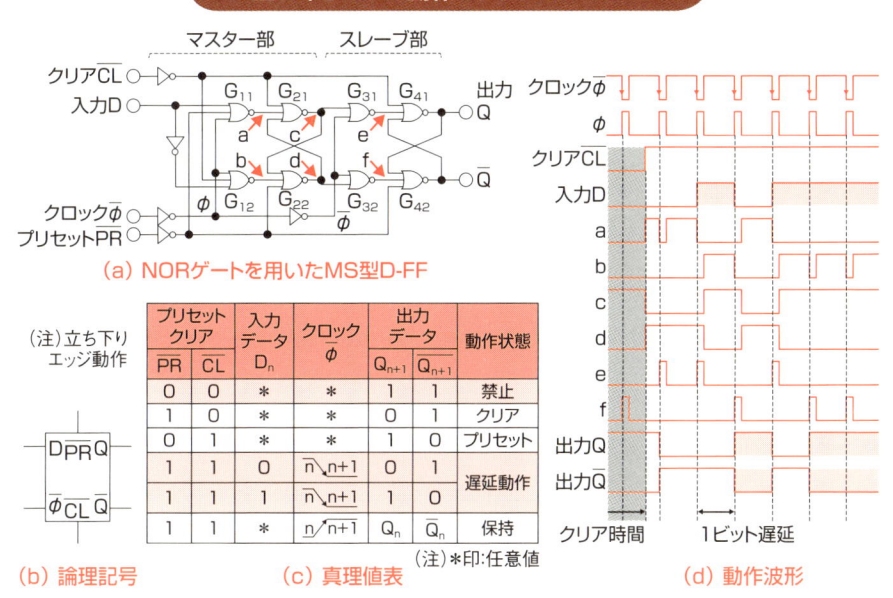

(d) 動作波形

図2 伝送ゲートによるマスタースレーブ型立ち上りエッジ動作Dフリップフロップ

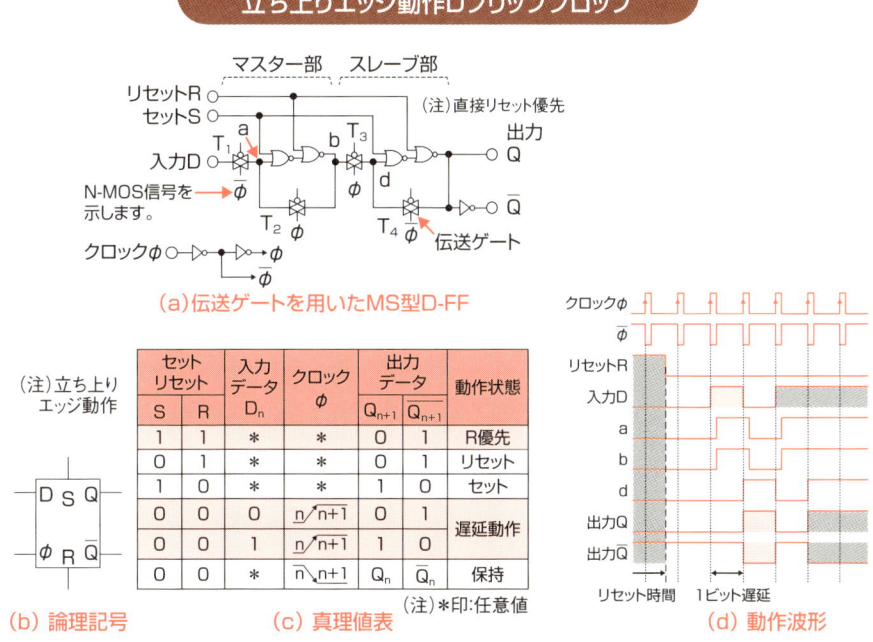

(a) 伝送ゲートを用いたMS型D-FF

(注) 直接リセット優先

N-MOS信号を示します。

(b) 論理記号

(c) 真理値表

セット リセット		入力 データ	クロック	出力 データ		動作状態
S	R	D_n	ϕ	Q_{n+1}	$\overline{Q_{n+1}}$	
1	1	*	*	0	1	R優先
0	1	*	*	0	1	リセット
1	0	*	*	1	0	セット
0	0	0	$n\diagup n+1$	0	1	遅延動作
0	0	1	$n\diagup n+1$	1	0	
0	0	*	$\overline{n\diagdown n+1}$	Q_n	$\overline{Q_n}$	保持

(注) *印:任意値

(注)立ち上り エッジ動作

(d) 動作波形

32 遅延するフリップフロップってなぁーに？ーその2

MS型JK-FF

RS型フリップフロップ(RS-FF)において、RS入力に同時に信号が入りますと、FFの記憶内容が不明になると言う禁止入力状態があります。この禁止入力状態を解消するために前述のマスタースレーブ型Dフリップフロップ(MS型D-FF)の入力をD→J、/D→Kへ変更し、かつ、J入力側ゲートに出力 /Qを、K入力側ゲートに出力Qを帰還接続した回路が"マスタースレーブ型JKフリップフロップ(MS型JK-FF)"です（図1参照)。

このMS型JKフリップフロップ(MS型JK-FF)に同時に信号が入りますとトグル動作(バイナリカウンタ)になるように工夫された回路で、JK入力に同時になるように工夫された回路が"マスタースレーブ型JKフリップフロップ(MS型JK-FF)"です（図1参照)。

このMS型JK-FFの基本動作は、直接リセット/セットを除きますと4パターンあります。①J=1、K=0の時、Q=1、つまり、1レベルデータを遅延させます。②J=0、K=1の時、Q=0、つまり、0レベルデータを遅延させます。③J=0、K=0の時、Q、/Qは変化しません。つまり、記憶内容を保持します。④

J=1、K=1の時、Q、/Qは前の記憶内容を反転させます。つまり、トグル動作(バイナリカウンタ)になり、ここで、記憶内容の初期値設定のために直接リセット/直接セット特性式は $Q_{n+1} = J\overline{Q}_n + \overline{K}Q_n$ になります。

があり、この入力に信号が入りますとJK入力有無にかかわらず初期値設定されます。このMS型JK-FFは、伝送ゲートやクロックドCMOSゲートによっても構成できます（図2参照)。また、立ち上りエッジ、立ち下りエッジ動作タイプがあります（9項参照)。

このように、MS型JK-FFは入力信号に制限がないために使いやすいFFで、MS型D-FFと共に"遅延回路"、"シフトレジスタ"、"計数回路(カウンタ)"などに幅広く利用されている回路です。

要点BOX
●マスタースレーブ型JKフリップフロップは、入力禁止を解消し、二つの入力(JK)に1レベルデータが同時に入ると、トグル動作を行なう回路。

図1　NANDゲートによるMS型立ち上りエッジ動作JKフリップフロップ

(注) D-FFは、入力J、Kが入力D、$\bar{D}$になります。

(a) NANDゲートによるMS型JK-FF

(注) D-FFは、出力Q、$\bar{Q}$の帰還がありません。

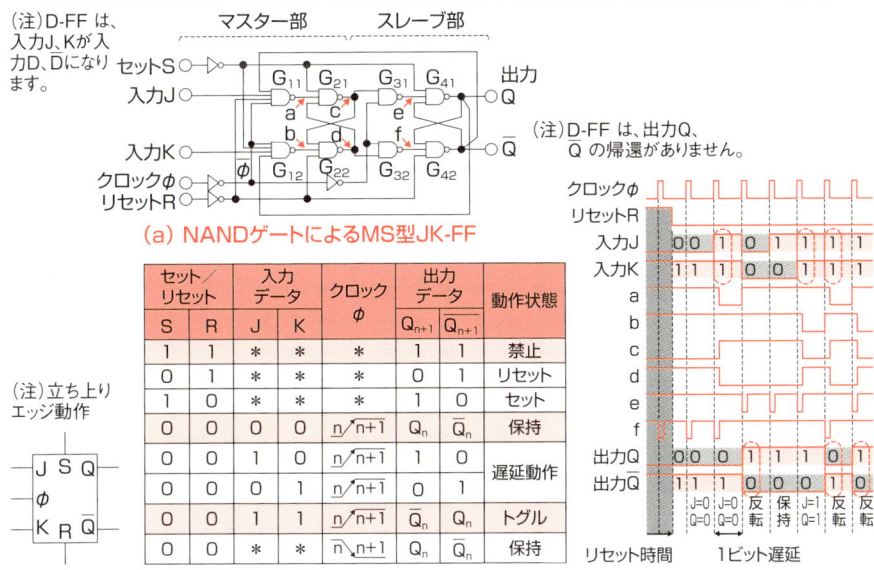

(注) 立ち上りエッジ動作

(b) 論理記号

(注) ＊印:任意値

(c) 真理値表

セット/リセット		入力データ		クロック	出力データ		動作状態
S	R	J	K	φ	Q_{n+1}	$\bar{Q}_{n+1}$	
1	1	＊	＊	＊	1	1	禁止
0	1	＊	＊	＊	0	1	リセット
1	0	＊	＊	＊	1	0	セット
0	0	0	0	$\overline{n}\diagup\overline{n+1}$	Q_n	$\bar{Q}_n$	保持
0	0	1	0	$\overline{n}\diagup\overline{n+1}$	1	0	遅延動作
0	0	0	1	$\overline{n}\diagup\overline{n+1}$	0	1	
0	0	1	1	$\overline{n}\diagup\overline{n+1}$	$\bar{Q}_n$	Q_n	トグル
0	0	＊	＊	$\overline{n}\diagdown\overline{n+1}$	Q_n	$\bar{Q}_n$	保持

(d) 動作波形

図2　クロックドCMOSによるMS型立ち下りエッジ動作JKフリップフロップ

(注) 直接クリア優先型

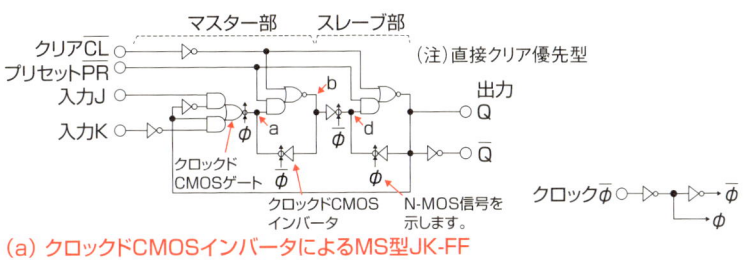

(a) クロックドCMOSインバータによるMS型JK-FF

(注) 立ち下りエッジ動作

(b) 論理記号

(注) ＊印:任意値

(c) 真理値表

プリセット/クリア		入力データ		クロック	出力データ		動作状態
$\overline{PR}$	$\overline{CL}$	J	K	φ	Q_{n+1}	$\bar{Q}_{n+1}$	
0	0	＊	＊	＊	0	1	$\overline{CL}$優先
1	0	＊	＊	＊	0	1	クリア
0	1	＊	＊	＊	1	0	プリセット
1	1	0	0	$\overline{n}\diagdown\overline{n+1}$	Q_n	$\bar{Q}_n$	保持
1	1	1	0	$\overline{n}\diagdown\overline{n+1}$	1	0	遅延動作
1	1	0	1	$\overline{n}\diagdown\overline{n+1}$	0	1	
1	1	1	1	$\overline{n}\diagdown\overline{n+1}$	$\bar{Q}_n$	Q_n	トグル
1	1	＊	＊	$n\diagup\overline{n+1}$	Q_n	$\bar{Q}_n$	保持

(d) 動作波形

33 フリップフロップの簡単な応用

ゲート付フリップフロップ

マスタースレーブ型Dフリップフロップ（MS型D-FF）、あるいは、JK-FFは、デジタル回路にとって便利な機能をもっており、幅広く利用されています。例えば、D-FFやJK-FFには直接セット/リセット機能がありますので、D入力、JK入力、および、クロック入力を固定電位にバイアスしますと、最もシンプルな非同期式RS-FFになります（図1参照）。

また、D-FFの反転出力 $\overline{Q}$ をD入力に帰還接続しますとトグル動作を行ないます。また、JK-FFのJK入力を共に固定電位にバイアスしますとトグル動作になり、バイナリカウンタになります（図2参照／カウンタについては、5章参照）。

このように便利なJK-FFですが、手元にJK-FFがない場合には、D-FFといくつかのゲートを用いますとJK-FFが簡単に構成できます。JK-FFの特性式は $Q_{n+1}=J\overline{Q_n}+\overline{K}Q_n$ ですので、この論理式を満たすようにゲートを組み、D-FFのD入力に接続しますと遅延式MS型JK-FFになります（図3参照）。この入力ゲート付D-FF（遅延式MS型JK-FF）のJK入力を結線し、一つの入力CNTへ変更しますとコントロール（CNT）付T型FFになります。このCNT付T型FFは、CNT=1ならばトグル動作を行ない、CNT=0ならばトグル動作を停止する回路になり、特性式は $Q_{n+1}=CNT\cdot\overline{Q_n}+\overline{CNT}\cdot Q_n$ になります（36項参照）。

さらに、この入力ゲート付D-FFのゲートの組み方を $Q_{n+1}=S+\overline{R}Q_n$ に変更しますと遅延式MS型セット優先RS-FFになります。

このように、MS型D-FF、JK-FFと共に利用範囲の広いFFで、"シフトレジスタ"や"計数回路（カウンタ）"などに幅広く利用されています。

要点BOX
- マスタースレーブ型D-FF、あるいは、JK-FFは、バイナリカウンタなどに幅広く応用される。

図1　D-FF、JK-FFによる非同期式RSフリップフロップ

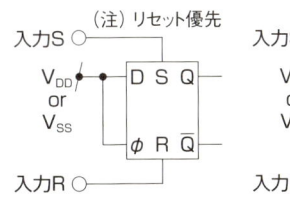

(a) D-FFによるRS-FF

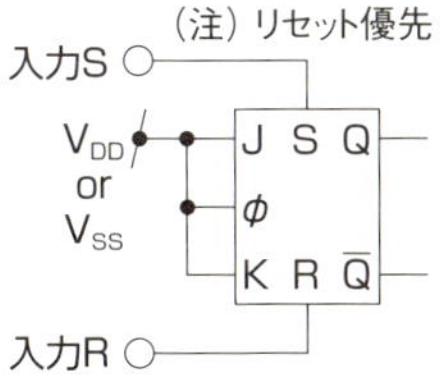

(b) JK-FFによるRS-FF

入力 セット S	入力 リセット R	出力 Q_{n+1}	出力 $\overline{Q_{n+1}}$	動作状態
0	0	Q_n	$\overline{Q_n}$	保持
0	1	0	1	リセット
1	0	1	0	セット
1	1	0*	1*	(禁止)

(注-1) 出力 Q_n :n 時間の出力、
出力 Q_{n+1} :n+1 時間の出力を示します。
(注-2) *印:リセット優先

(c) 真理値表

図2　D-FF、JK-FFによるトグルフリップフロップ(T型FF／バイナリカウンタ)

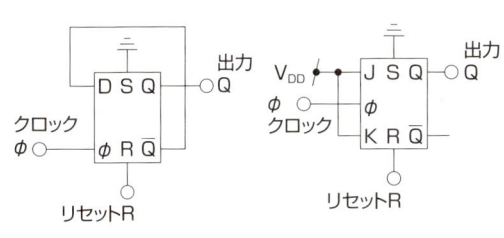

(a) D-FFによるトグルFF　(b) JK-FFによるトグルFF

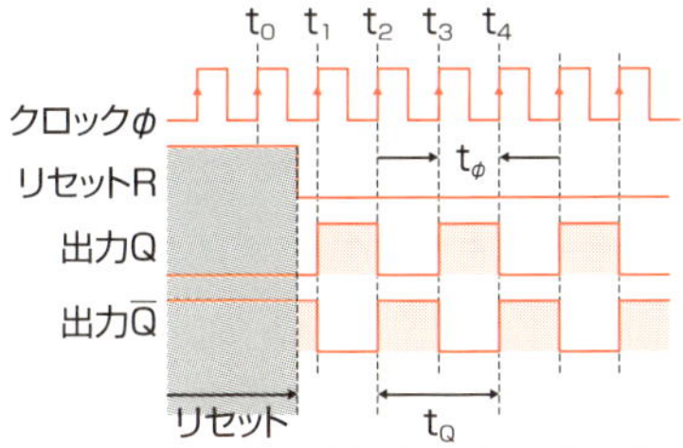

周波数関係　$f_Q = \frac{1}{2} f_\phi$

周期関係　$t_Q = 2t_\phi$

(c) バイナリカウンタの動作波形

図3　D-FF、JK-FFを利用したトグルフリップフロップ(T型FF／バイナリカウンタ)

JK-FF の特性式　$Q_{n+1} = J\overline{Q_n} + \overline{K}Q_n$

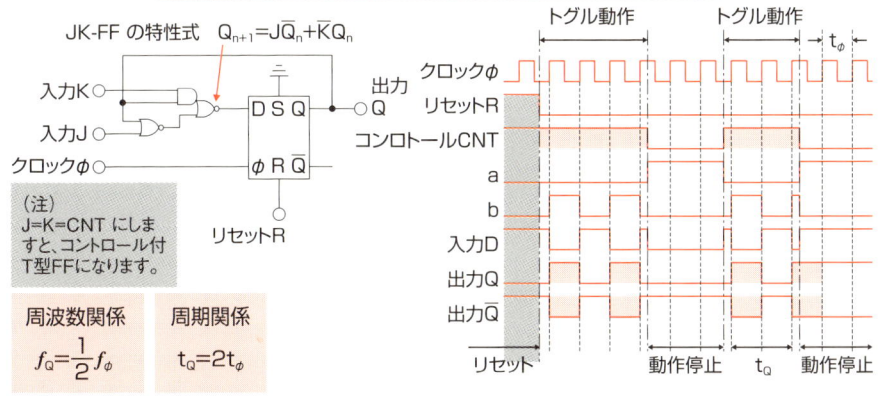

(注) J=K=CNT にしますと、コントロール付T型FFになります。

周波数関係　$f_Q = \frac{1}{2} f_\phi$

周期関係　$t_Q = 2t_\phi$

(a) 入力ゲート付D-FFによるJK-FF

(b) JK-FFを利用したT型FFの動作波形

34 メモリとして使われるシフトレジスタってなぁーに？

シフトレジスタ

数値や文字コードなどの2値データを一時的に記憶する回路を"レジスタ(Register)"と呼びます。このレジスタには、必要な時に出力データとして読み出すことのできる"シフトレジスタ(SR)"や"メモリレジスタ(MR)"があり、1ビットが1個のD型フリップフロップ(D-FF)で構成され、ビット数だけD-FFを並べ、直並列入力データをクロックパルスφによってシフトしていろいろなタイプがあります(図1参照)。例えば、直列入力—直列出力タイプの4ビットSRは、4個のD-FFをカスケード接続(縦続接続)し、下位ビットのFF-Aの入力Dに直列データを供給しますと、1ビット遅延のデータが出力Q_Aに、2ビット遅延のデータが出力Q_Bに、と言うように順次データがシフトされて入力直列データが出力並列データと出力直列データになり、出力されます(図2参照)。

同様に、直並列入力—直並列出力タイプの4ビットSRは、パラレル・シリアルコントロール信号(P/S)が、P/S=0ですと直列入力—直列出力になり、P/S=1ですと並列入力—並列出力タイプになるSRです(図3参照)。このタイプは、クロックパルスφに同期化させ、各FFをそれぞれ独立に並列データによってプリセット、あるいは、クリアさせることができます。なお、このプリセット、あるいは、クリア動作を非同期化させるタイプもあります。また、前述のSRは右へシフトするタイプですが、左へシフトするタイプもあります。

これらのSRを電卓等のメモリとして用いるには、入力にリサイクュレータ回路を設け、入力モード切替信号がS/E=1ですとデータを一巡させ、記憶させて用います。また、出力モード切替信号(O_{50}, O_{64})によってメモリ容量を変えることができるメモリで、大容量メモリにはダイナミック型回路が用いられます(図4参照)。

要点BOX
●レジスタ(Register)は、数値や文字コードなどの2値データを一時記憶する回路で、シフトレジスタ(SR)やメモリレジスタ(MR)がある。

図1 いろいろなシフトレジスタ（SR）

(a) 直列入力－直並列出力

(b) 直並列入力－直列出力

(c) 直列入力－直並列出力

(d) 並列入力－並列出力

(e) 直列入力－直列出力

図2 直列入力－直並列出力タイプ4ビットシフトレジスタ

(a) 立ち上りエッジ動作型4ビットシフトレジスタ

(b) 動作波形

出力Q_A 1ビット遅延
出力Q_B 2ビット遅延
出力Q_C 3ビット遅延
出力Q_D 4ビット遅延

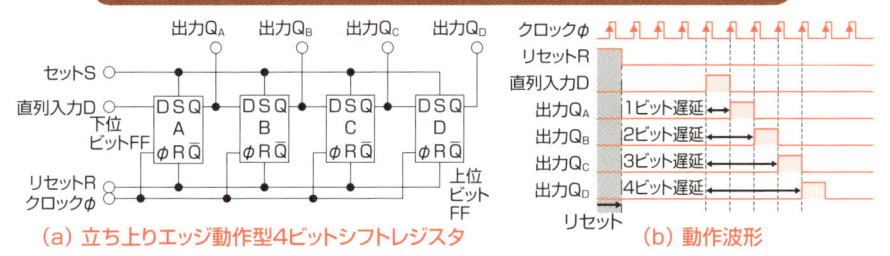

図3 直並列入力－直並列出力タイプ4ビットシフトレジスタ

(a) 立ち上りエッジ動作型直列・並列切替可能4ビットシフトレジスタ

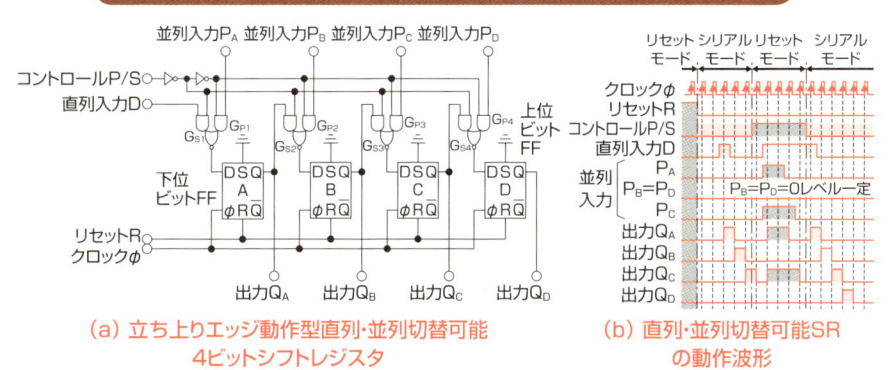

(b) 直列・並列切替可能SRの動作波形

リセットモード　シリアルモード　リセットモード　シリアルモード

$P_B = P_D = 0$レベル一定

図4 メモリとして用いられるシフトレジスタ（メモリレジスタ）

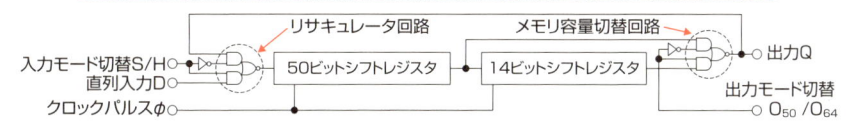

入力モード切替S/H
直列入力D
クロックパルスφ
リサキュレータ回路
50ビットシフトレジスタ
メモリ容量切替回路
14ビットシフトレジスタ
出力Q
出力モード切替 O_{50}/O_{64}

用語解説

カスケード（Cascade）接続：カスケード接続は電源や回路素子などを縦一列につなぐことで、"縦続接続"、"直列接続"の意味になります。

Column ④
クロックドCMOSインバータってなぁーに?(C²MOS®)

クロックドCMOSインバータは、集積度を高めるために考えられた回路です。このC²MOS®インバータは、クロックパルス(ϕ、$\overline{\phi}$)によって開閉するスイッチ素子(N_1、P_1)をバイアス源(V_{DD}、V_{SS})とインバータの間に設け、データがクロック(ϕ)に同期して出力(f)に反転して取り出せる回路です(図1参照)。

今、$\phi=1$ですと、MOST-N_1、-P_1が同時にオンしてMOST-N_2、-P_2よりなるCMOSインバータが動作し、データを反転させて出力(f)へ伝送し、出力(f)にある容量C_Lにデータを書き込みます。

一方、$\phi=0$ですと、MOST-N_1、-P_1が同時にオフしてMOST-N_2、-P_2よりなるインバータがバイアス源(V_{DD}、V_{SS})から切り離されて出力(f)は高インピーダンス(z)になり、出力(f)の容量C_Lにあるデータを保持します。

このC²MOS®インバータをそのまま用いますとダイナミック型ラッチやトライステート®になります。

また、この回路を2段カスケード接続しますと、ダイナミック型シフトレジスタになります。さらに、インバータ部分をゲートに置き換えますと、ダイナミック型C²MOS®ゲートなど、幅広く利用できます(図2参照)。

図2 C²MOS® NANDゲート

図1 クロックドCMOSインバータ(C²MOS®インバータ)

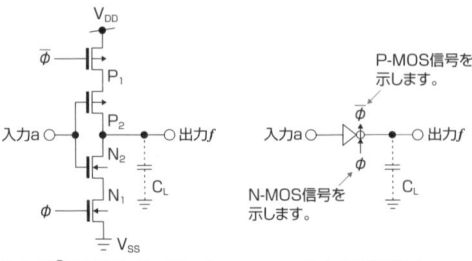

入力 a	コントロール ϕ	出力 f	動作状態
0	1	1	P_1, N_1 オン
1	1	0	
*	0	z	P_1, N_1 オフ

(注) *:任意値、z:高インピーダンス

(a) C²MOS®インバータ (b) 論理記号 (c) 真理値表

第5章

時間をカウントする
デジタル回路
(計数回路と呼ばれるカウンタ)

35 時間を計数するデジタル回路とは？

電子時計に使われるデジタル回路

時間をカウントするものに"時計"や"タイマー"があります。昔から、時計は歯車の組み合わせによって時を刻み、時間の経過を人々に知らせてきました。この時間を電子回路（デジタル回路）で行なうようにしたのが、"電子時計"で、現在の時計はほとんどが電子時計になっています。電子時計は、正確な振動子の振動数（発信周波数）を積算し、変換した数を時、分、秒として表示するものです。

この電子時計に用いられる水晶振動子の振動数（発信周波数）は、2のべき乗の数値になっています。例えば、2のべき乗2^{15}ですと数値32768になりますので振動数（発信周波数）を数値32768で割りますと1Hz、つまり、1秒が得られます。ここで、割る、つまり、振動数（発信周波数）を下げる作業は"分周"と呼ばれ、デジタル回路の分周器によって行なわれます。こうして得られた1秒信号を10進カウンタと6進カウンタ、および、12進カウンタを用いてカウントしますと、秒、分、時のデータが得られます（図1&写1参照）。

このように電子時計は、水晶振動子の他にデジタル回路の集まり、つまり、"分周器"や"カウンタ"等から出来ており、これら分周器やカウンタは順序論理回路である"フリップフロップ（FF）"から作られています（図2参照）。

次項から、フリップフロップ（FF）を利用した時間をカウントする分周器やカウンタについて述べていきます。

なお、デジタル回路では基準信号を"入力信号"、"クロックパルス"、"カウント信号"等と呼んでいます。

2のべき乗2^{22}ですと数値4194304になりますので振動数（発信周波数）は4.194304 MHzになり、この振動数（発信周波数）を数値4194304で割りますと1Hz、つま

要点BOX
● 電子時計は水晶振動子の他に"分周器"や"カウンタ"等から出来ており、これらの回路は"フリップフロップ（FF）"から作られている。

図1　電子時計の大まかなシステム図

（出典）鈴木八十二著、"ディジタル論理回路・機能入門"、
日刊工業新聞社、p.197～p.198 & p.268、2007年7月。

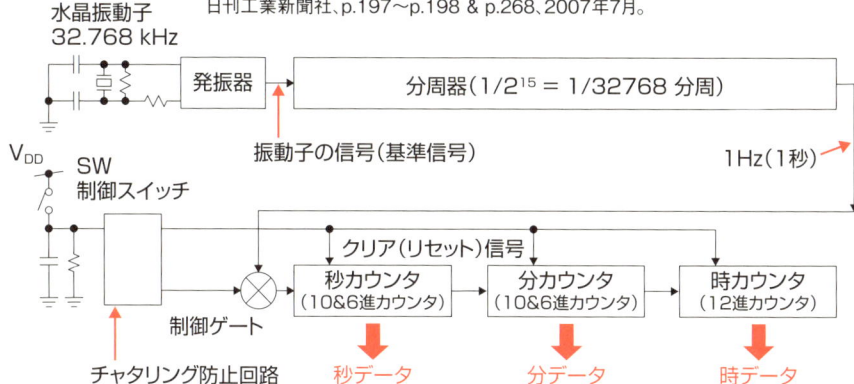

水晶振動子 32.768 kHz
発振器
分周器($1/2^{15} = 1/32768$ 分周)
振動子の信号（基準信号）
1Hz(1秒)
V_{DD}
SW 制御スイッチ
クリア(リセット)信号
制御ゲート
秒カウンタ（10&6進カウンタ）
分カウンタ（10&6進カウンタ）
時カウンタ（12進カウンタ）
チャタリング防止回路
秒データ　分データ　時データ

写1　手作り電子時計の外観写真

図2　D-FFを用いた分周器（バイナリカウンタ）

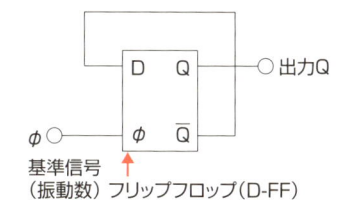

基準信号（振動数）　出力Q
フリップフロップ(D-FF)

出力Qは、下記になります。

$$f_Q = \frac{1}{2} f_\phi$$

ただし、f_Q：D-FFの出力周波数
　　　f_ϕ：基準信号の周波数

つまり、基準信号の周波数が1/2に低下します。

用語解説

水晶振動子(Quartz Oscillator)：水晶の結晶軸に対して特定の方向に切断してつくった薄片の両面に導電性電極をつけ、これに電圧をかけるとひずみが生じて一定の振動を行ないます。これを"水晶振動子"と呼びます。この水晶振動子をXtalと表記することもあります。

分周器(Divider)：水晶振動子などから発生された高い振動数（基準信号周波数、または、発信周波数）の信号を低い周波数の信号に変換するためにも用いられる回路を"分周器"、あるいは、"分周回路"と呼びます。

カウンタ(Counter)：基準信号（振動数、あるいは、発信周波数）を加減算し、合計でいくつになったかを数える回路を"カウンタ"と呼びます。

チャタリング防止回路：チャタリング(Chattering)とは、スイッチ（可動接点）などが接触する際に非常に速い微細な機械的振動を起こす現象のことで、この現象によって、電子回路が誤動作しないように本来の接触した信号のみを取り出すようにした回路を"チャタリング防止回路"と呼びます。→ 56項参照。

フリップフロップ(Flip-Flop、略して　FF)：4章参照。

36 周波数を低減する分周器ってなぁーに？

バイナリカウンタ／2進カウンタ

基準信号（クロックパルス）周波数を低下させる最もシンプルな分周器は、バイナリカウンタ（2進カウンタ）と呼ばれる回路で、D-FF、JK-FF、コントロール付D-FF（CNT-FF）などを用いて作られます（図1参照）。

今、D-FFの例で動作をみてみましょう。時刻t_0で、リセットR=1を入力しますと、出力Q=0、$\bar{Q}$=1になります。この状態からR=1→0へ変化させますと、リセットが解除され、$\bar{Q}$=1がD入力に供給されていますので、次の時刻t_1で、出力Q=1、$\bar{Q}$=0へ変化します。この時刻t_1で、$\bar{Q}$=0がD入力に供給されていますので、次の時刻t_2で、出力Q=0、$\bar{Q}$=1へ変化します。

つまり、時刻が経つにつれ、出力Qが0→1→0…と変化していきます。このように、基準信号（クロックパルス）周波数f_0がバイナリカウンタによって1/2低下、つまり、基準信号を1/2分周したことになります。なお、この動作を時間の流れに対して描いたのが"動作波形図"で、基準信号の立ち上

りエッジで反転動作を繰り返しますので"立ち上りエッジ動作型カウンタ"と呼ばれます。

一例として、4個バイナリカウンタを用いてカスケード接続（直列接続）した分周器ですと（図2参照）、2^4（=16）分周する事ができ、基準信号周波数f_0が10 MHzですと、その出力Q_Dには625（=10000/16）kHzの周波数が得られます。なお、D-FFの代わりにJK-FFを用いてJ、K入力に"1レベル"を加えますとトグル（Toggle：交互）動作を行ない、バイナリカウンタが実現できます。さらに、CNT-FFを用いてCNT=1にするとバイナリカウンタになります（図3参照）。

このように分周器は、n個のバイナリカウンタのカスケード接続（縦続接続）によって作られ、その周波数は1/2^{n}になります。なお、分周器は見方を変えるとカウンタです。次項ではD-FF、あるいは、JK-FFなどを用いた"カウンタ"について見ていきます。

要点BOX
● D-FFの反転信号$\bar{Q}$を入力Dへ接続（帰還）した回路を"バイナリカウンタ（2進カウンタ）"と呼ぶ。

図1 D-FFを用いたバイナリカウンタ

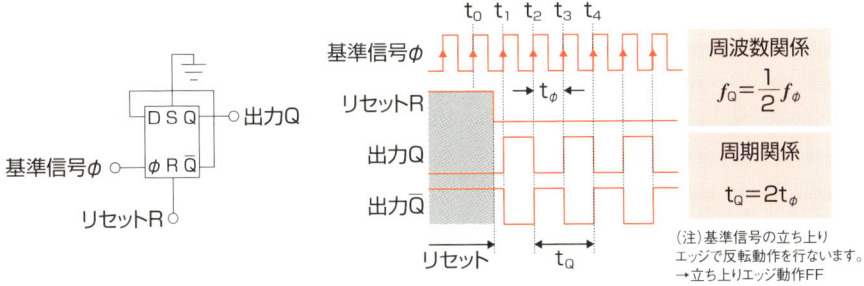

(a) D-FFを用いたバイナリカウンタ

(b) D-FFによるバイナリカウンタの動作波形

周波数関係 $f_Q = \frac{1}{2} f_\phi$

周期関係 $t_Q = 2t_\phi$

(注)基準信号の立ち上りエッジで反転動作を行ないます。
→立ち上りエッジ動作FF

図2 D-FFを用いて作られる分周器

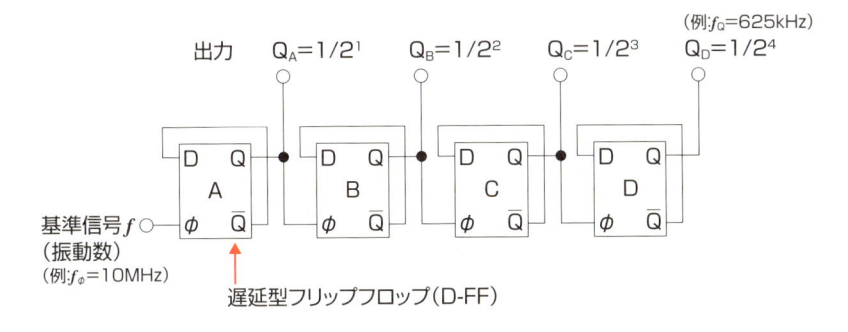

出力　$Q_A = 1/2^1$　$Q_B = 1/2^2$　$Q_C = 1/2^3$　$Q_D = 1/2^4$　(例:f_Q=625kHz)

基準信号 f（振動数）（例:f_ϕ=10MHz）

遅延型フリップフロップ(D-FF)

図3 その他のフリップフロップを用いたバイナリカウンタ

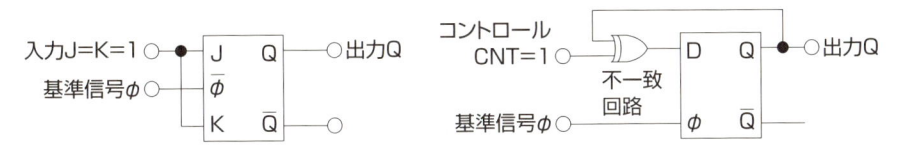

(a) JK-FFを用いたバイナリカウンタ

入力J=K=1
基準信号 ϕ

(b) CNT-FFを用いたバイナリカウンタ

コントロール CNT=1
不一致回路
基準信号 ϕ

用語解説

D-FF(Delayed Flip-Flop)：遅延型フリップフロップのことです(31項参照)。
JK-FF(JK Flip-Flop)：J、K二つの入力をもつ万能型フリップフロップのことです(32項参照)。
CNT-FF(Controlled Flip-Flop)：コントロール入力CNTをもつフリップフロップで、CNT=1でトグル動作(バイナリカウンタ動作)、CNT=0で記憶内容を保持するフリップフロップです(33項参照)。
バイナリカウンタ(Binary Counter)：基準信号(クロックパルス)を供給すると基準信号(クロックパルス)の周波数を$1/2^n$に低下させる回路をさし、2^n進カウンタとも呼ばれます。

37 計数するカウンタってなあーに?

カウンタにはダウンとアップがある

D-FFを利用したバイナリカウンタ(2進カウンタ)をn段カスケード接続した分周器は、基準信号(クロックパルス)の周波数 f_0 を $1/2^n$ へ低下させます。つまり、$1/2^n$ 分周する回路でしたので遅延型フリップフロップ(D-FF)を4段カスケード接続したカウンタを考えてみます。

カウンタは計数回路と呼ばれ、入力信号(クロックパルス)CPのパルス数を計数して「合計でいくつになったか?」を数える回路です。このカウント(計数)状態を表わすためにカスケード接続した4個のD-FF(Q_A〜Q_D)に2進化コードの重み付けをします。つまり、下位ビットFF-Aは"1"コード、FF-Bは"2"コード、FF-Cは"4"コード、上位ビットFF-Dは"8"コードとします(図1(a)参照)。いま、すべてのFF-A〜FF-D(Q_A〜Q_D)が1レベルですと、"15"カウントコードになります。また、FF-A(Q_A)が1レベル、FF-B(Q_B)が0レベル、FF-C(Q_C)が1レベル、FF-D(Q_D)が1レベルで

すと、"13"カウントコードになります(図1(b)参照)。

ここで、カウントコードが15→14→13→12→・・・→3→2→1→0→15→14→13→・・・のようになる回路を"ダウンカウンタ"と呼びます。一方、カウントコードが0→1→2→3→・・・→13→14→15→0→1→2→3→・・・のようになる回路を"アップカウンタ"と呼びます(図2参照)。

このようにD-FFをn段カスケード接続した回路を"リップルキャリー型カウンタ"と呼び、その各FFに対して2進化コードの重み付けをしますと、カウント数mは $m=2^n$ になります。つまり、4段構成ですとカウント数は0〜15になります。

ではD-FF、あるいは、JK-FFを用いた具体的な"ダウンカウンタ"、あるいは、"アップカウンタ"はどうなっているのでしょうか? 次項でみていきましょう。

要点BOX

●D-FFをn個カスケード接続(縦続接続)カウンタにおいて、各FFに2進化コードの重み付けを行なうと最大 2^n 個のカウントが行なえる。

図1 D-FFを4段カスケード接続したカウンタ

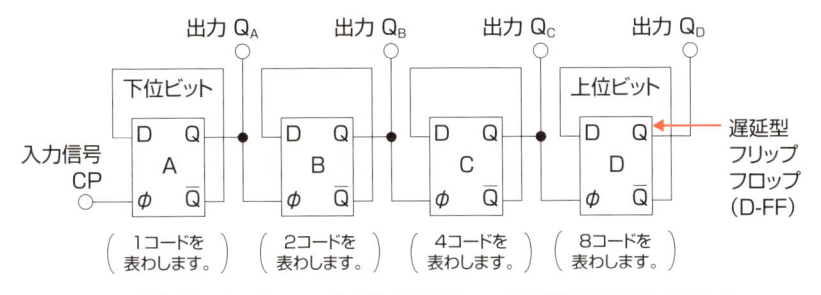

出力 Q_A　出力 Q_B　出力 Q_C　出力 Q_D

下位ビット　　　　　　　　　　　　　上位ビット

入力信号 CP → A — B — C — D ← 遅延型フリップフロップ (D-FF)

（1コードを表わします。）（2コードを表わします。）（4コードを表わします。）（8コードを表わします。）

(a) 各フリップフロップに対して2進化コードの重み付けしたカウンタ

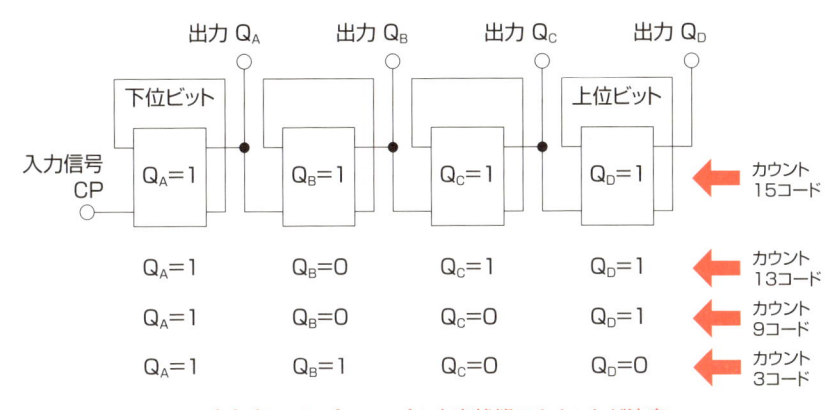

出力 Q_A　出力 Q_B　出力 Q_C　出力 Q_D

下位ビット　　　　　　　　　　　　　上位ビット

入力信号 CP　$Q_A=1$　$Q_B=1$　$Q_C=1$　$Q_D=1$　← カウント15コード

$Q_A=1$　$Q_B=0$　$Q_C=1$　$Q_D=1$　← カウント13コード

$Q_A=1$　$Q_B=0$　$Q_C=0$　$Q_D=1$　← カウント9コード

$Q_A=1$　$Q_B=1$　$Q_C=0$　$Q_D=0$　← カウント3コード

(b) 各フリップフロップの内容状態でカウントが決定

図2 D-FFを4段カスケード接続したカウンタのカウント状態

カウント
15コード → 14 → 13 → 12 → ……… → 3 → 2 → 1 → 0 → 15 → 14 → 13 → ………

(a) カウント数が減少していく16進ダウンカウンタのコード

カウント
0コード → 1 → 2 → 3 → ……… → 13 → 14 → 15 → 0 → 1 → 2 → 3 → ………

(b) カウント数が増加していく16進アップカウンタのコード

用語解説

リップルキャリー型カウンタ（Ripple Carry-type Counter）：D-FFをn個カスケード接続（縦続接続）したカウンタは、下位ビットFFの出力を上位ビットFFへ伝えてカウントします。つまり、下位ビットから桁上がりのパルスが次々と伝えられていくカウンタを"リップルキャリー型カウンタ"と呼びます。

38 ダウン/アップカウンタとは？

リップルキャリー型バイナリカウンタ

ダウンカウンタ、アップカウンタをみてみましょう。

いま、D-FFを4個、下位ビットのFF出力Qを次の上位ビットFFの入力に供給する形でカスケード接続したカウンタは、セット入力SをS=1→0（セット解除）にすると、下位ビットFF-Aの出力Q_AがFF-Bへ伝わり、FF-Bの出力Q_BがFF-C…と言うように、順次、各FFの出力が下位ビットFFから上位ビットFFへ伝わっていきます。その結果、カウント状態は、15→14→13→…→2→1→0→15→14→13→…のように15コードから0コードへカウントダウンします（図1参照）。この動作からわかるように各FFの出力信号は、前ビットFF出力信号の立ち上りエッジで動作しますので、"立ち上りエッジ動作カウンタ"、あるいは、"リップルキャリー型16進ダウンカウンタ"と呼び、下位ビットFFの出力を次の上位ビットFFへ伝えるために各FFの出力（Q_A〜Q_D）に時間遅れが生じます。このために、"非同期式16進ダウンカウンタ"、あるいは、"非同期式4ビットバイナリダウンカウンタ"とも呼ばれます。

一方、D-FFを4個、下位ビットFFの反転出力$\overline{Q}$を次の上位ビットFFの入力に供給する形でカスケード接続したカウンタは、リセット入力RをR=1→0（リセット解除）にすると、0→1→2→…のように0コードから15コードへカウントアップし、前ビットFFの出力信号の立ち下りエッジで動作しますので、"立ち下りエッジ動作カウンタ"、"非同期式4ビットバイナリアップカウンタ"、あるいは、"非同期式16進アップカウンタ"と呼びます（図2参照）。ここで、動作に注目しますと、立ち下りエッジ動作でダウンカウンタ、立ち上りエッジ動作でアップカウンタになることがわかります。

なお、JK-FFを用いたカウンタも同じような回路構成になり、同じような動作を行ないます。

要点BOX
●下位ビットFFの出力Qを次の上位ビットFFの入力に供給するとダウンカウンタになり、反転出力$\overline{Q}$を供給するとアップカウンタになる。

図1 リップルキャリー型16進ダウンカウンタ（非同期式4ビットバイナリカウンタ）

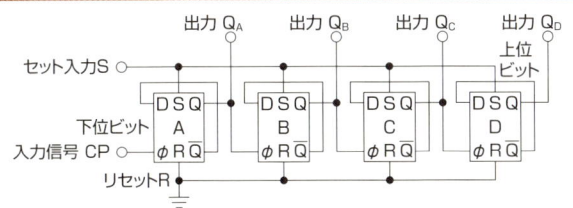

(a) リップルキャリー型16進ダウンカウンタ

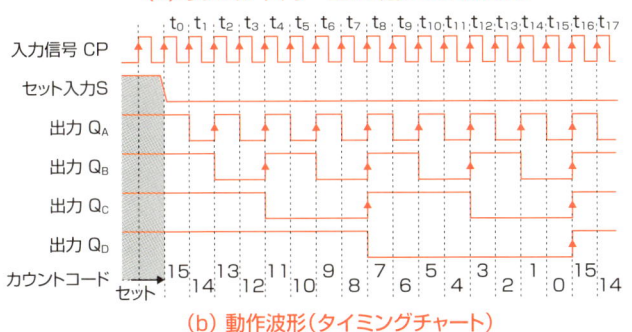

(b) 動作波形（タイミングチャート）

注:用いたD-FFが立ち上りエッジ動作のためにFF-Aは、立ち上りで動作し、FF-B以降は、出力 $\overline{Q}$ を入力とするために出力Qの立ち上り動作になります。（ポジティブエッジ型）

図2 リップルキャリー型16進アップカウンタ（非同期式4ビットバイナリカウンタ）

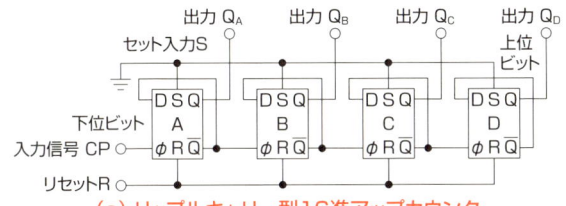

(a) リップルキャリー型16進アップカウンタ

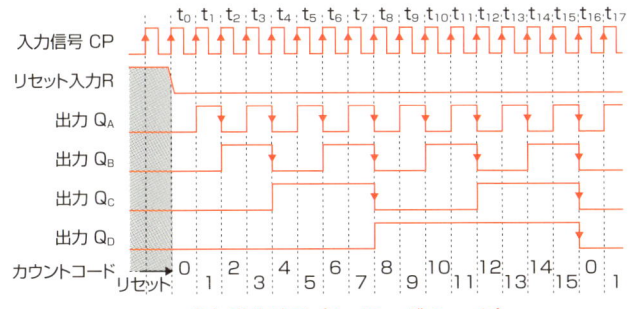

(b) 動作波形（タイミングチャート）

注:用いたD-FFが立ち上りエッジ動作のためにFF-Aは、立ち上りで動作し、FF-B以降は、出力 $\overline{Q}$ を入力とするために出力Qの立ち下り動作になります。（ネガティブエッジ型）

用語解説

動作波形（Operating Waveforms）:回路の動作状態をパルス波形で表わしたものを"動作波形"、あるいは、"タイミングチャート（Timing Chart）"と呼びます。

39 10進、6進ダウンカウンタとは？

リップルキャリー型ダウンカウンタ

いま、D-FFを用いたリップルキャリー型10進ダウンカウンタを考えてみましょう。

D-FFを4個カスケード接続（縦続接続）しますと、カウンタはセット状態から15→14→13→12→11→10→9→8→7→6→5/15→14→13→…になりますので5コードを検出して各FFをセット状態に戻せばよいことになります。つまり、5コード（$Q_A=1$、$Q_B=0$、$Q_C=1$、$Q_D=0$）検出は、Q_A、$\overline{Q_B}$、Q_C、$\overline{Q_D}$のANDゲートG_Dをとり、その出力xと外部セット入力S、どちらでも各FFをセットできるようにセットORゲートG_Sを設け、セット信号とします。

このようにしますと、下位ビットFFの出力Qが次の上位ビットFFへ順次、伝えられてカウントダウンし、時刻t_0で5コード（検出ゲートG_D：x=1）になり、セットゲートG_Sを介して各FFをセット状態に戻して10進ダウンカウンタになります（図1参照）。このように、ダウンカウンタは所望するカウント数mと検出コードxが異なるために考えにくいカウンタになります（x=(2^n-1)-m、m≧2）。また、下位ビットFFの出力Qが次の上位ビットFFへ順次、伝えられるために各FFの出力（Q_A～Q_D）に遅延時間があるため、応用によってはゲート出力に不要パルス（ハザード）が生じて高周波数では応答しきれないことがあり、高周波領域では不向きなカウンタです。

次に、6進ダウンカウンタをみてみましょう。6進ですのでD-FFを3個カスケード接続（縦続接続）しますと、7→6→5→4→3→2→1/7→6→5→4→…になりますので1コードを検出して7コードに戻せば6進ダウンカウンタになります。この1コード検出には、Q_A、$\overline{Q_B}$、$\overline{Q_C}$のANDゲートG_Dをとり、セットゲートG_Sへ戻します（図2参照）。

このようにm進ダウンカウンタは、セットからカウントを開始し、必要なコードを検出し、その検出信号xでセット状態に戻せばm進ダウンカウンタになります。

要点BOX
- 所望m進ダウンカウンタはセットからカウントを開始し、必要な検出コードxをx=(2^n-1)-m から求め、その信号xでセットに戻せばよい。

図1 リップルキャリー型10進ダウンカウンタ

(a) リップルキャリー型10進ダウンカウンタ

注：各FFは、立ち上りエッジで動作します。（ポジティブエッジ型）

注：D-FFの遅延時間をtpdとすると、Q_Aに対してQ_Dは3tpd遅延します。

(b) 動作波形(タイミングチャート)

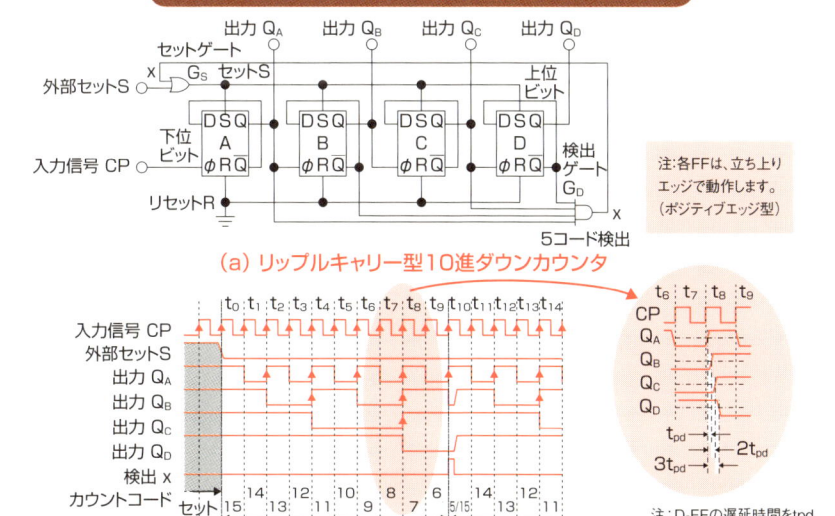

図2 リップルキャリー型6進ダウンカウンタ

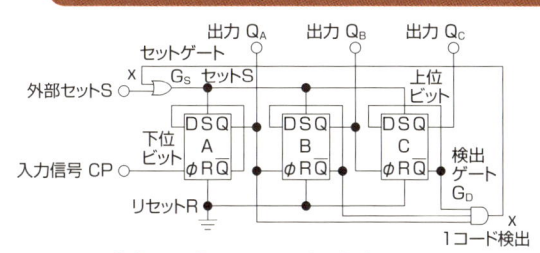

(a) リップルキャリー型6進ダウンカウンタ

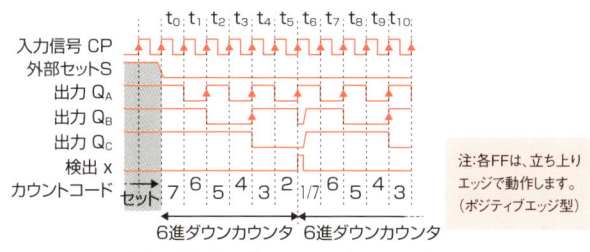

注：各FFは、立ち上りエッジで動作します。（ポジティブエッジ型）

(b) 動作波形(タイミングチャート)

用語解説

ハザード(Hazard)：ハザードとは危険、偶然の意味から不要パルス(望まざる信号)をさし、ロジック設計時に動作波形と異なった波形が生じることをさします。このハザード対策、および、動作周波数を高めるために"周波数エクステンダ方式カウンタ"等があります。→ 参考文献(01)、pp.173〜174など参照。

40 10進、6進アップカウンタとは？

リップルキャリー型アップカウンタ

いま、JK-FFを用いてリップルキャリー型10進アップカウンタを考えてみます。

JK-FFを4個カスケード接続（縦続接続）しますと、カウントはクリア状態から0→1→2→3→4→5→6→7→8→9→10/0→1→2→3→…になりますので、10コードを検出して各FFをクリア状態に戻せばよいことになります。つまり、10コード（$Q_A=0$、$Q_B=1$、$Q_C=0$、$Q_D=1$）検出は、その出力Q_AとQ_CのNANDゲートG_Dをとり、その出力と外部クリア入力$\overline{CL}$、どちらでも各FFをクリアできるようにクリアANDゲートG_{CL}を設け、クリア信号としています。

このようにしますと、下位ビットFFの出力が次の上位ビットFFへ順次、伝えられてカウントアップし、時刻t_{10}で10コード（検出ゲートG_D：$\overline{y}=0$）になり、クリアゲートG_{CL}を介して各FFをクリア状態に戻して10進アップカウンタになります（図1参照）。

このようにリップルキャリー型10進アップカウンタは、所望するカウント数mと検出コード$\overline{y}$が同じために考えやすいカウンタです（$\overline{y}=\overline{m}$、$m\leq2^n$）。ここで、このアップカウンタも各FFの出力（$Q_A\sim Q_D$）に遅れ時間があるために不要パルスが生じ、高い周波数領域では応答しきれないことがあります。

次に、6進アップカウンタをみてみましょう。このカウンタも前述と同じようにJK-FFを3個カスケード接続（縦続接続）しますと、0→1→2→3→4→5→6/0→1→2→…になりますので、6コード（$Q_A\cdot Q_B\cdot Q_C$）を検出して各FFをクリア状態に戻せば6進アップカウンタになります（図2参照）。ここで、JK-FFは入力、クリア、プリセットが負信号、立ち下りエッジで動作します。

このようにm進アップカウンタはクリア状態からカウントを開始し、必要なコードを検出し、その検出信号$\overline{y}$でクリア状態に戻せばm進アップカウンタになります。

要点BOX
- 所望m進アップカウンタはクリアからカウントを開始し、必要な検出コード$\overline{y}$を$\overline{y}=\overline{m}$から求め、その信号$\overline{y}$でクリアに戻せばよい。

図1　JK-FFによるリップルキャリー型10進アップカウンタ

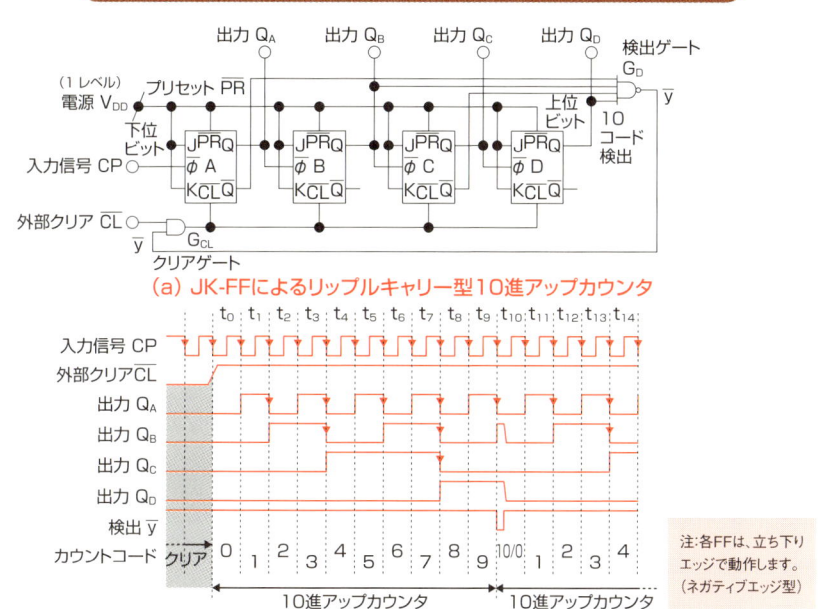

(a) JK-FFによるリップルキャリー型10進アップカウンタ

(b) 動作波形（タイミングチャート）

注：各FFは、立ち下りエッジで動作します。（ネガティブエッジ型）

図2　JK-FFによるリップルキャリー型6進アップカウンタ

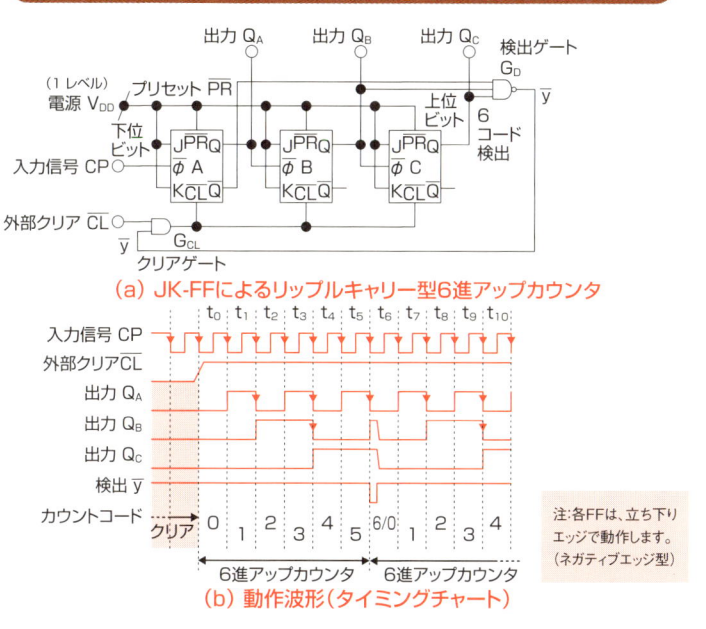

(a) JK-FFによるリップルキャリー型6進アップカウンタ

(b) 動作波形（タイミングチャート）

注：各FFは、立ち下りエッジで動作します。（ネガティブエッジ型）

41 同期式ダウンカウンタとは？

同期式ダウンカウンタ

非同期式カウンタは、下位ビットの信号を次の上位ビットへ転送するためにn段カスケード接続分の遅延時間が各FFに生じ、応用によっては不要パルス（ハザード）が生じ、高い周波数では応答しきれないことがあります。このために、クロックパルス（入力信号）で各FFを同期化して出力する同期式カウンタがあります。

いま、同期式6進ダウンカウンタは、D-FFを3個カスケード接続し、外部リセットRからの信号でリセット状態からカウントを開始し、0→5→4→3→2→1→0→5→…になるように動作波形図と真理値表を作成します。ここで、D-FFの出力がQ=0ならば、1カウント前のD-FFの入力値は0レベルです。この入力特性式は、$Q_n^+ = D_{n-1}$ （$Q_{n+1} = D_n$）となります。つまり、D-FFの出力Q_nは、1ビット前の入力値D_{n-1}を記憶しています。このような考え方をもとにD-FFの出力（Q_A〜Q_C）が決まれば、1カウント前のD-FFの入力値（D_A〜D_C）が決まり、

真理値表が求まります（図1参照）。この入力値に注目し、ベッチェ図を用いて各FFの入力特性式を求めてカウンタを構成します（図2参照）。しかし、得た回路のFF-B、FF-Cの入力には複雑な回路が入り、実用的ではありません。そこで、JK-FFを用いて単純化したカウンタを構成します。

用いるJK-FFは、$Q^+ = J\overline{Q} + \overline{K}Q$ですのでJK-FF-Aに注目すると$Q_A^+ = J_A \overline{Q_A} + \overline{K_A} Q_A$になります。$J_A$の入力条件は$Q_A = 1$のとき有効です。つまり、$Q_A = 1$のとき有効です。$J_A$を求めるには$Q_A = 1$と$J_A$の積で決まりますので$J_A$のA領域は任意値（×）で良いことになります。同様に、$\overline{K_A}$の入力条件を求めるには$Q_A = 1$と、$\overline{K_A}$の積で決まりますので、$\overline{K_A}$の$\overline{A}$領域は任意値（×）で良いことになります。これらのことをベッチェ図に記入し、各FFの入力方程式を求めます。この図表よりJK-FFを用いた同期式6進ダウンカウンタが得られます（図3参照）。

要点BOX
- 同期式カウンタは、クロックパルスによって各FFを同期化し、n段カスケード接続によるデータ転送の時間遅れを軽減したカウンタである。

図1　同期式6進ダウンカウンタの動作波形と真理値表

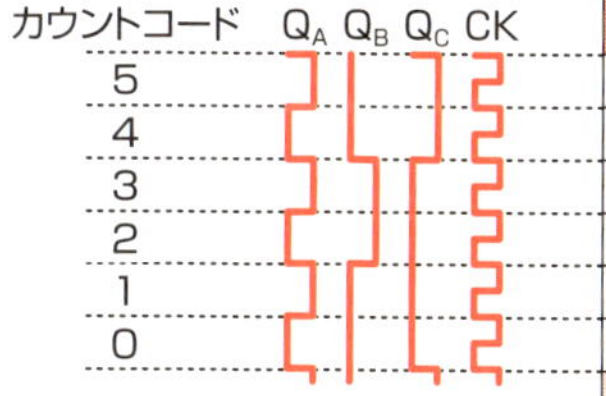

(a) 動作波形

カウントコード Q_A Q_B Q_C CK
5
4
3
2
1
0

(b) 6進ダウンカウンタ真理値表

カウント状態	D-FFの出力値 Q_A	Q_B	Q_C	10進数	前のFF 入力値 D_A	D_B	D_C
t_0	1	0	1	5	0	0	1
t_1	0	0	1	4	1	1	0
t_2	1	1	0	3	0	1	0
t_3	0	1	0	2	1	0	0
t_4	1	0	0	1	0	0	0
t_5	0	0	0	0	1	0	1
未使用	1	1	1	7	×	×	×
	0	1	1	6	×	×	×

(注) 任意値は*マークですが、ベッチェ図作成に書きやすい×マークを使用します。

図2　D-FFを用いた同期式6進ダウンカウンタ

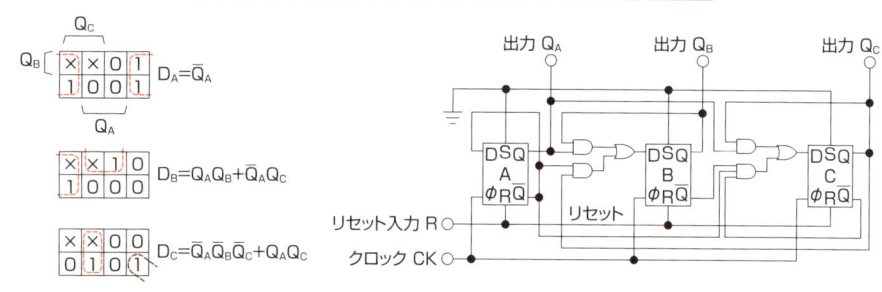

(a) ベッチェ図とD-FF入力特性式

$D_A = \bar{Q}_A$

$D_B = Q_A Q_B + \bar{Q}_A Q_C$

$D_C = \bar{Q}_A \bar{Q}_B \bar{Q}_C + Q_A Q_C$

(b) 同期式6進ダウンカウンタ

図3　JK-FFを用いた同期式6進ダウンカウンタ

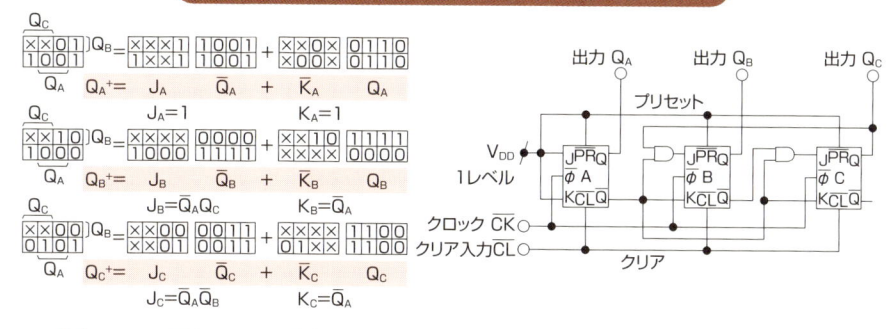

(a) ベッチェ図とJK-FF入力特性式

$Q_A^+ = J_A \bar{Q}_A + \bar{K}_A Q_A$
$J_A = 1 \qquad K_A = 1$

$Q_B^+ = J_B \bar{Q}_B + \bar{K}_B Q_B$
$J_B = \bar{Q}_A Q_C \qquad K_B = \bar{Q}_A$

$Q_C^+ = J_C \bar{Q}_C + \bar{K}_C Q_C$
$J_C = \bar{Q}_A \bar{Q}_B \qquad K_C = Q_A$

(b) 同期式6進ダウンカウンタ

用語解説

ベッチェ図（Veitch Diagram）：論理関数を解くために、ます目を用いる図形的表示方法をさします。→ 13項、14項参考。

42 同期式アップカウンタとは?

同期式アップカウンタ

では、6進アップカウンタを作ってみましょう。D-FFを3個カスケード接続し、外部リセットRからの信号でリセットからカウントを開始し、0→1→2→3→4→5→0→1→2→3→…になるように動作波形図と真理値表を作成します(図1参照)。

この真理値表の入力値に注目し、ベッチ図を用いて各FFの入力特性式を求め、それに従ってカウンタを構成します(図2参照)。D-FFを用いた同期式6進アップカウンタは、各FFの入力に複雑な回路が入るので、JK-FFを用いたカウンタを作りましょう。

用いるJK-FFの特性を生かし、入力値に注目してベッチ図を作成し、各FFの入力特性式を求めて6進アップカウンタを構成します(図3参照)。ここで、同期式6進アップカウンタの設計法をまとめます。

(1) 各FFの出力状態(Q_A〜Q_n)と1カウント前のD-FFの入力値(D_A〜D_n)を一つの真理値表にまとめます。ここで、動作確認を兼ねて表の脇に動作波形(タイミングチャート)を描きます。

(2) D-FFを用いる場合、FF毎にベッチ図を設け、そのFFの入力値を記入し、1レベルが成立する領域を論理式で表わし、その式にもとづき回路を作成します。

(3) JK-FFを用いる場合、JK-FFの特性式 $Q^+ = J\overline{Q} + \overline{K}Q$ にもとづき、一個のFFに対して5個のベッチ図を設け、n段ありますから5n個のベッチ図からの特性式の求め方は次のようにします。

① J_n式の求め方は、Q_nを任意値(×)におき、$\overline{Q_n}$についてのみ1カウント前の入力値を書き込み、1レベルが成立する領域を論理式で表わし、J_nとします。
② K_n式の求め方は、$\overline{Q_n}$を任意値(×)におき、Q_nについてのみ1カウント前の入力値を書き込み、1レベルが成立する領域を論理式で表わし、$\overline{K_n}$とします。ここで、$\overline{K_n}$は、逆転信号ですから、$\overline{K_n}$に変換します。

例えば、$\overline{K_A} = 0$ ならば、$K_A = 1$ になります。

要点BOX
●JK-FFを用いた同期式カウンタは、ベッチ図を作成し、1レベルが成立する領域を論理式で表わし、入力回路を作成して回路を構成する。

図1 同期式6進アップカウンタの動作波形と真理値表

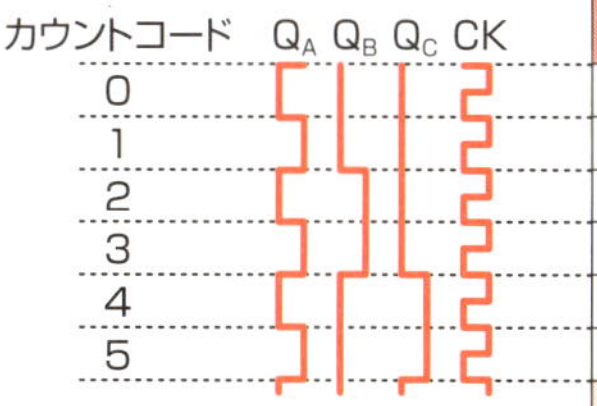

(a) 動作波形

(b) 6進ダウンカウンタ真理値表

カウント状態	D-FFの出力値 Q_A	Q_B	Q_C	10進数	前のFF入力値 D_A	D_B	D_C
t_0	0	0	0	0	1	0	0
t_1	1	0	0	1	0	1	0
t_2	0	1	0	2	1	1	0
t_3	1	1	0	3	0	0	1
t_4	0	0	1	4	1	0	1
t_5	1	0	1	5	0	0	0
未使用	0	1	1	6	×	×	×
	1	1	1	7	×	×	×

（注）任意値は*マークですが、ベッチェ図作成に書きやすい×マークを使用します。

図2 D-FFを用いた同期式6進アップカウンタ

$D_A = \overline{Q_A}$

$D_B = \overline{Q_A}Q_B + Q_A\overline{Q_B}\overline{Q_C}$

$D_C = Q_A Q_B + \overline{Q_A} Q_C$

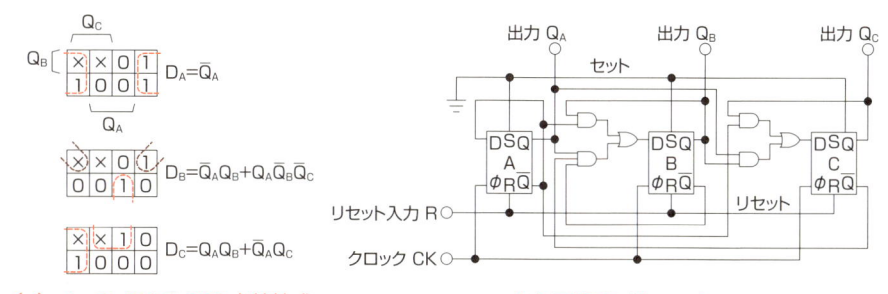

(a) ベッチェ図とD-FF入力特性式

(b) 同期式6進アップカウンタ

図3 JK-FFを用いた同期式6進アップカウンタ

$Q_A^+ = J_A \overline{Q_A} + \overline{K_A} Q_A$
$J_A = 1 \qquad K_A = 1$

$Q_B^+ = J_B \overline{Q_B} + \overline{K_B} Q_B$
$J_B = Q_A \overline{Q_C} \qquad K_B = Q_A$

$Q_C^+ = J_C \overline{Q_C} + \overline{K_C} Q_C$
$J_C = Q_A Q_B \qquad K_C = Q_A$

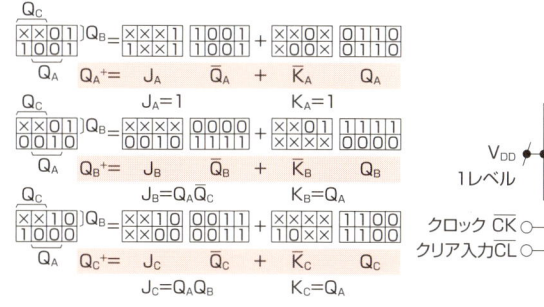

(a) ベッチェ図とJK-FF入力特性式

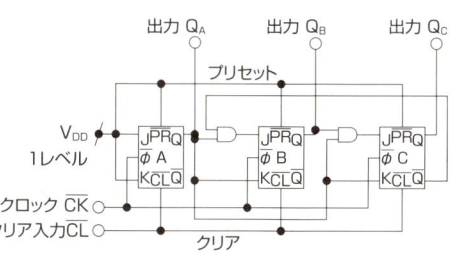

(b) 同期式6進アップカウンタ

43 シフトカウンタってなぁーに？

ジョンソンカウンタ

リップルキャリー型カウンタは、各FFへのデータ転送に時間がかかり、使用周波数に制限がありますので、同期式カウンタで対策しましたが、同期式カウンタは回路が複雑になります。この軽減のために回路内に1、0レベルを循環させて記憶する能力をもつシフトレジスタ（以下、SR）を利用したシフトカウンタ（別名：ジョンソンカウンタ）があります。

例えば、6進シフトカウンタですと、SRを3個カスケード接続し、上位SRの反転出力信号を下位SRの入力へ帰還させ、外部リセットRで各SRをリセットさせてカウントを開始させますと、0→1→3→7→6→4→0→1→3→…になり、6進カウンタになります（図1参照）。このカウンタは、初期リセット以外の誤りカウントに入ることがあります。例えば、カウントが5コードですと、5→2→5→2→…と言うような迷ループに入り、電源を入れ直しませんと正常カウントに戻れません（図2参照）。この対策として誤りカウント対策ゲートを設け、5→2→1→3→7→6→4→0→1→3→…と言うように誤りコードに入っても正常カウントに戻るようにします（図3参照）。

このカウンタはn個のSRで、2n進カウンタ（m=2n）が作れ、4個のSRで8進カウンタになります。また、強制的にSRをリセット（セット）帰還させ、迷ループが不要になるためにシンプルなm進カウンタになります。6進カウンタでは、上位SRの出力Qを下位SRと2段目SRのリセットR（セットS）に帰還させますと4進カウンタになります（帰還数x：x=2n-m／図4参照）。

このように、シフトカウンタはシンプルな回路構成で、所望カウント数（m≦2n-x）が容易な方法で得られる特長を持ちます。

要点BOX
● シフトカウンタは、n個のシフトレジスタで2n進シフトカウンタになる。

図1 6進シフトカウンタの動作波形と真理値表

(a) 動作波形

カウント状態	SRの出力値 Q_A	Q_B	Q_C	10進数	前のSR入力値 D_A	D_B	D_C
t_0	0	0	0	0	1	0	0
t_1	1	0	0	1	0	1	0
t_2	1	1	0	3	1	1	0
t_3	1	1	1	7	0	0	1
t_4	0	1	1	6	1	0	1
t_5	0	0	1	4	0	0	0

(b) 6進シフトカウンタ真理値表

図2 誤りカウント対策なし6進シフトカウンタ

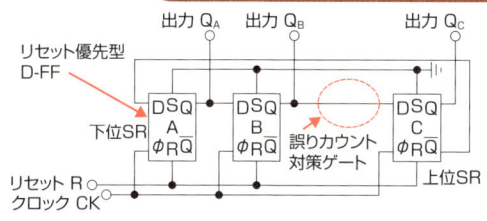

(a) 6進シフトカウンタ(ジョンソンカウンタ)

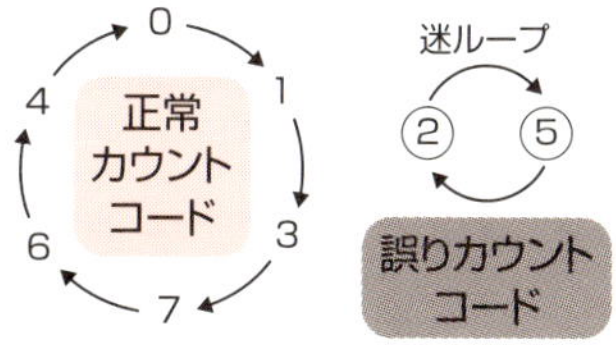

(b) 6進シフトカウンタのカウント状態

正常カウントコード: 0→1→3→7→6→4→0
迷ループ 誤りカウントコード: 2⇌5

図3 誤りカウント対策ゲート付き6進シフトカウンタ

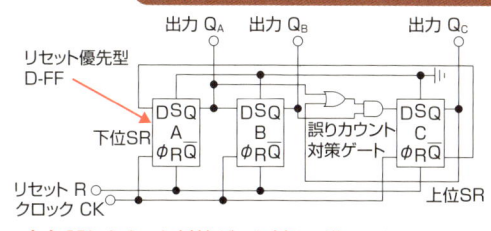

(a) 誤りカウント対策ゲート付き6進シフトカウンタ

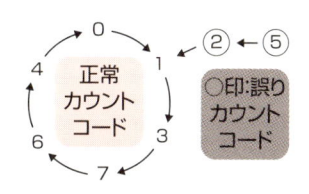

(b) 6進シフトカウンタのカウント状態

正常カウントコード: 0→1→3→7→6→4→0
②←⑤ ○印:誤りカウントコード

図4 リセット帰還型4進シフトカウンタ

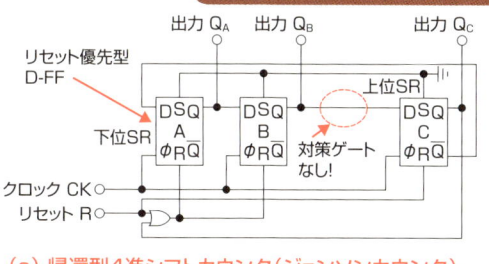

(a) 帰還型4進シフトカウンタ(ジョンソンカウンタ)

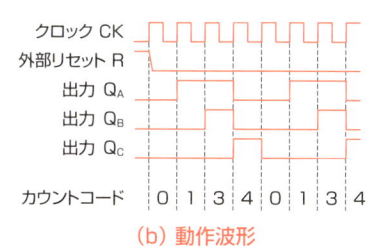

(b) 動作波形

カウントコード: 0 1 3 4 0 1 3 4

用語解説

ポリノミアルカウンタ(Polynomial Counter):符号理論に用いられる原始多項式にもとづくカウンタで、最大カウント数mは、$m=2^n-1$(ただし、n:使用するSRの数)になります。

●第5章　時間をカウントするデジタル回路(計数回路と呼ばれるカウンタ)

44 リングカウンタってなぁーに?

n+1進リングカウンタ

シフトレジスタ(以下、SR)を利用したカウンタには、この他にリングカウンタやポリノミアルカウンタがあります。今、0レベル検出型6進リングカウンタを考えてみましょう。

6(m)進ですので、5(n)個のSR(n=m-1)と、出力の0レベルを検出するゲートを設け、そのゲート出力を下位SRの入力へ接続したリングカウンタを構成します。初めにセット信号で各SRをセット(31コードに設定)し、その後、セットを解除しますと、0レベルを検出し、その0レベルを下位SRへ伝え、時間経過とともに0レベルを転送していきます。つまり、カウントコードは、

31→30→29→27→23→15→31→30→…のようになります(図1参照)。このカウント状態は、検出した0レベルがカウントコードを時間経過とともに転送しますので、各SRが0レベル検出ゲートによって強制的に正常カウントコードに

なります。例えば、
④→⑨→⑲→⑦→15→31→…
のように正常コードへ戻ります。

次に、1レベル検出型10進リングカウンタをみてみましょう。まず、リセット信号で各SRをリセット(0コードに設定)し、その後、リセットを解除しますと、1レベルを検出し、その1レベルを下位SRから上位SRへ順次、時間経過とともに1レベルを転送していきます。つまり、カウントコードは、
0→1→2→4→8→16→32→64→128→256→0→1→2→…のようになります(図2参照)。

このように、リングカウンタは各SRの記憶状態を検出するゲートを設け、0(1)レベルを検出し、その検出レベルを各SRへ時間経過とともに転送してカウンタを構成する方式で電卓などの表示桁指定などに応用されています。なお、本項ではリングカウンタを説明上D-FFを用いましたが、比較的高い周波数領域では、ダイナミック型SRが用いられます。

> **要点BOX**
> ●リングカウンタは各シフトレジスタの記憶状態0、あるいは、1レベルを検出し、そのレベルを各SRへ時間経過とともに転送するカウンタ。

図1 0レベル検出型6進リングカウンタ

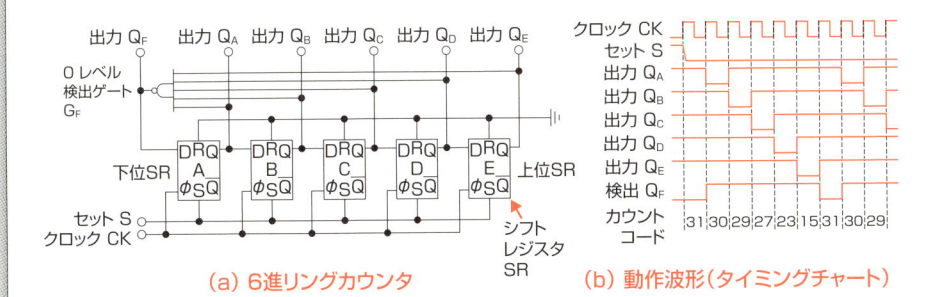

(a) 6進リングカウンタ

(b) 動作波形（タイミングチャート）

図2 1レベル検出型10進リングカウンタ

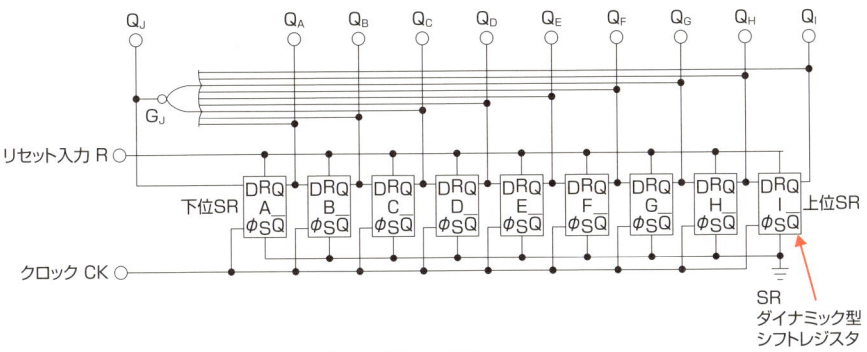

(a) 10進リングカウンタ

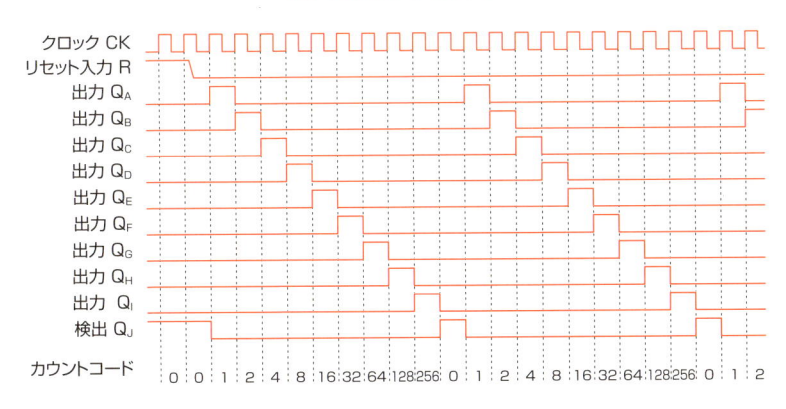

(b) 動作波形（タイミングチャート）

45 ポリノミアルカウンタってなぁーに？

2ⁿ-1進ポリノミアルカウンタ

シフトレジスタ（略して、SR）を利用したジョンソンカウンタはシンプルな回路でしたが、n個のSR利用で2n進カウンタにとどまっていました。このn個のSRを用いて2ⁿ-1進カウンタになるのが"ポリノミアルカウンタ"です。

今、31進カウンタを考えてみましょう。SRの数は5個ですので、原始多項式は$H(x)=x^5+x^2+1$になります（表1参照）。その回路は原始多項式より、下位ビットSR-Aの入力をx^5、その出力をx^4、2ビットSR-Bの出力をx^3、3ビットSR-Cの出力をx^2、4ビットSR-Dの出力をx^1、上位ビットSR-Eの出力をx^0とし、3ビットSR-Cの出力x^2と上位ビットSR-Eの出力x^0を一致回路（G₁）に接続し、その出力を下位ビットSR-Aの入力x^5に帰還接続します（図1参照）。このような構成にしますと、リセットからカウントを開始し、0→1→3→7→14→28→…
↓←6←12←24←16←0←…のようなカウントを行ないます。

31進カウンタを20進カウンタにしてみましょう。この31進カウンタを20進カウンタに変更してみましょう。31進→20進にするには11個のコードを変更すればよいので、リセット（0コード）から5コードへスキップさせます。つまり、0コードを検出（G₀）して下位ビットSR-Aの入力、および、3ビットSR-Cの入力にORゲート（G₂、G₃）を設けて強制的に5コードへスキップさせます。なお、このカウンタはすべてのSRが1レベル（セット）にならないものとして構成していますので、セット（31コード）を検出（G₃₁）してリセット入力R（G_R）に供給し、セット状態を回避します。このようにしますと、31進を20進カウンタへ変えることができます（図2参照）。

今まで、いろいろなカウンタについて述べてきましたが、その特長を生かした使い方が望ましいことになります。

要点BOX
● ポリノミアルカウンタは原始多項式に基づくシフトレジスタの出力を各ビットシフトレジスタの入力へゲートを介して帰還接続するカウンタ。

図1　31進ポリノミアルカウンタ

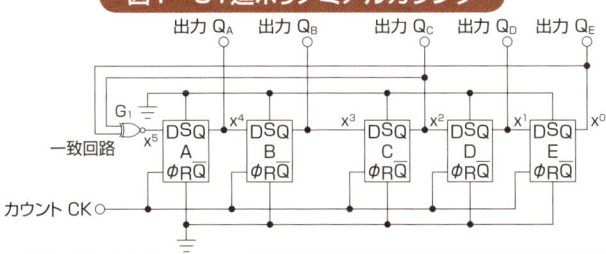

出力 Q_A　出力 Q_B　出力 Q_C　出力 Q_D　出力 Q_E

一致回路　G_1　DSQ A φRQ　x^4　DSQ B φRQ　x^3　DSQ C φRQ　x^2　DSQ D φRQ　x^1　DSQ E φRQ　x^0

x^5

カウント CK

表1　原始多項式 $H(x)$

SR 数 n	原子多項式 $H(x)$	最大カウント数 m
2	x^2+x+1	3
3	x^3+x+1	7
4	x^4+x+1	15
5	x^5+x^2+1	31
6	x^6+x+1	63
7	x^7+x^3+1	127
8	$x^8+x^4+x^3+x^2+1$	255
9	x^9+x^4+1	511
10	$x^{10}+x^3+1$	1023
11	$x^{11}+x^2+1$	2047

表2　31進(20進)ポリノミアルカウンタ

時刻	10進数	G_1 (x^5)	G_A (x^4)	G_B (x^3)	G_C (x^2)	G_D (x^1)	G_E (x^0)
t_0	0	1	0	0	0	0	0
t_1	1	1	1	0	0	0	0
t_2	3	1	1	1	0	0	0
t_3	7	0	1	1	1	0	0
t_4	14	0	0	1	1	1	0
t_5	28	1	0	0	1	1	1
t_6	25	0	1	0	0	1	1
t_7	18	0	0	1	0	0	1
t_8	4	0	0	0	1	0	0
t_9	8	1	0	0	0	1	0
t_{10}	17	1	0	0	0	0	1
t_{11}	2	1	1	0	1	0	0
t_{12}	5	0	1	0	1	0	0
t_{13}	10	1	0	1	0	1	0
t_{14}	21	1	1	1	0	1	0
t_{15}	11	1	1	1	1	0	0
t_{16}	23	1	1	1	1	1	1
t_{17}	15	0	1	1	1	1	1
t_{18}	30	1	1	1	1	1	0
t_{19}	29	1	1	0	1	1	1
t_{20}	27	0	1	1	0	1	1
t_{21}	22	1	0	1	1	0	1
t_{22}	13	0	1	0	1	1	0
t_{23}	26	0	0	1	1	0	1
t_{24}	20	0	0	1	0	1	1
t_{25}	9	1	1	0	0	1	0
t_{26}	19	0	0	1	1	1	0
t_{27}	6	0	0	1	1	0	0
t_{28}	12	0	0	0	1	1	0
t_{29}	24	1	0	0	0	1	1
t_{30}	16	0	0	0	0	1	0

11個のコードをスキップ

0コードへ帰還します

図2　20進ポリノミアルカウンタ

出力 Q_A　出力 Q_B　出力 Q_C　出力 Q_D　出力 Q_E

G_2　x^5　DSQ A φRQ　x^4　x^3　DSQ B φRQ　G_3　DSQ C φRQ　x^2　DSQ D φRQ　x^1　DSQ E φRQ　x^0

一致回路　G_1

カウント CK　リセット R

G_R　G_{31}　G_0

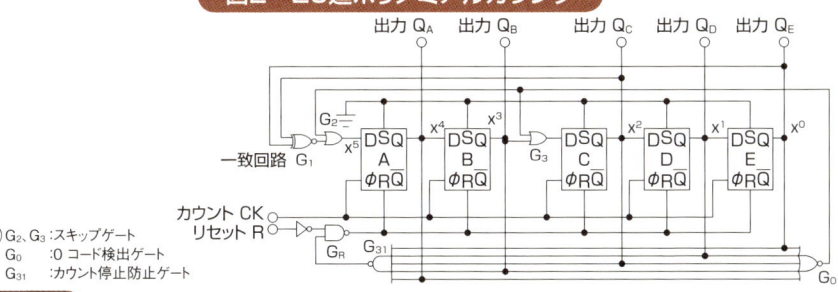

(注) G_2, G_3 : スキップゲート
　　 G_0 : 0コード検出ゲート
　　 G_{31} : カウント停止防止ゲート

用語解説

符号理論(Coding Theory): 符号理論は、情報を符号化して通信を行う際の効率と信頼性についての理論です。

Column ⑤

プログラムできるICってあるの？（FPLD）

デジタル回路使用のシステムは、AND-ORゲートとメモリ等で構成できますが、膨大なゲートを使用することになります。そこで、ANDアレイとORアレイから成るプログラムロジックデバイス（Programmable Logic Device：PLD、あるいは、Field PLD：FPLD）を用いて設計を合理化します。このPLDは半導体メーカから購入し、使用側が机上で開発ツールを用いてゲート入力の配線を設計し所望するロジックを作り（図1参照）、①短期間の開発、②開発リスクの低減、③開発コストの低減などを図ります。

このデバイスは1970年後半、米国の半導体メーカによって開発されたのが始まりです。当初のPLDは、バイポーラPROM（Programmable Read Only Memory）でヒューズによるプログラムでした。このために消費電力が大きく、消去／再書き込みができない等の不便さがありました。1980年代に入り、低消費電力で、消去／再書き込みが可能なCMOS EP-／E²P-ROM（Erasable PROM／Electrically Erasable PROM）ベースのPLDが普及し始めました（図2参照）。

このPLDは、数十〜数百ゲート程度でしたので大型システムには無駄が多くなるために、ロジックセルを組み合せて作るゲートアレイ手法の一種であるFPGA（Field Programmable Gate Array）へ変貌しました。一方、PLDの性能向上のために複数個のPLDを組み合わせたCPLD（Complex PLD）と呼ぶ大規模PLDを開発、従来の小規模PLDをSPLD（Simple PLD）と呼ぶようになり、進化を続けています。

図2 PLD（FPLD）プログラム方式の変遷

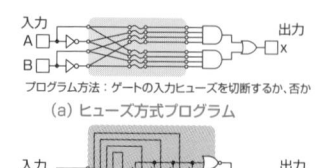

（a）ヒューズ方式プログラム
プログラム方法：ゲートの入力ヒューズを切断するか、否か

（b）EP-ROM／E²P-ROM方式プログラム
プログラム方法：ゲートの入力トランジスタを結線するか、否か

図1 PLD（FPLD）の回路一例

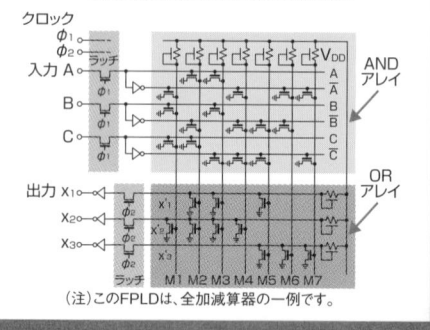

（注）このFPLDは、全加算器の一例です。

第6章 計算するデジタル回路
（演算回路）

46 デジタル計算はどうするの?

計算する半加算器、半減算器

デジタル計算、つまり、2進数のたし算、引き算、掛け算、割り算は10進数の計算とほぼ同じです(図1参照)。

例えば、被演算数x、演算数yとし、10進数でx+y= 7+6=(13)₁₀ を2進数で計算しますと、x+y=(0111)₂+(0110)₂=(1101)₂になります。この計算をビット毎にみますと、1桁目: x+y=1+0=1 になり、桁上げなし(Ca=0)になります。2桁目: 1+1=0 (前の桁上げ)=0 になり、桁上げCa=1になります。3桁目: 0+1+1=1 になり、桁上げCa=1になります。4桁目: 0+0+1=1 になり、桁上げなし(Ca=0)になります。計算結果は(1101)₂になります。ここで、確認のために10進数に直しますと(1101)₂=1×8+1×4+0×2+1×1=(13)₁₀になります。次に、掛け算をみてみます。10進数でx×y=7×6=(42)₁₀ を2進数で計算しますとx×y=(0111)₂×(0110)₂=(0010)₂(1010)₂になります。ここで、確認のために10進数に直しま

すと(0010)₂(1010)₂=(0×128+0×64+1×32+0×16)+(1×8+0×4+1×2+0×1)=(32)+(8+2)=(42)₁₀ になります(図2参照)。

このように、2進数の計算は10進数の計算とほぼ同じように考えてよく、2進数の計算結果を10進数に直せば計算結果の確認が行なえます。

この2進数の演算を行なう基本デジタル回路は、"半加算器"、"半減算器"と呼ばれ、不一致回路(Exclusive OR)、論理積(ANDゲート)回路などからなります(図3参照)。この半加算器の計算結果の答(S)は同じですが、桁上げ(Ca)、桁借り(Bo)が異なります。また、両回路とも1ビットの計算ですが、前ビットからの桁上げ/桁借り入力がなく、実用化には前ビットからの桁上げ/桁借り入力が必要になります。この機能を持つ回路が、"全加算器"、"全減算器"と呼ばれ、1ビット、4ビット等の回路があります。

要点BOX
● 2進数の計算は、10進数の計算とほぼ同じ。この2進数の演算を行なう基本デジタル回路は、"半加算器"、"半減算器"と呼ばれる。

図1　2進数演算の基本式

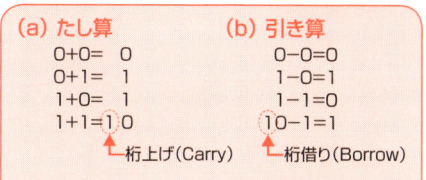

(a) たし算
0+0= 0
0+1= 1
1+0= 1
1+1=1̣0
　　　└桁上げ(Carry)

(b) 引き算
0-0=0
1-0=1
1-1=0
10-1=1
　　└桁借り(Borrow)

(c) 掛け算
0×0=0　1×0=0
0×1=0　1×1=1

(d) 割り算
0÷1=0
1÷1=1

デジタル計算って普通の計算と同じなのー！

図2　2進数演算の一例

(a) たし算

10進数	2進数
7 ……x……	0111
+) 6 ……y……	+) 0110
13 ……S	1101

- x=1, y=0より1+0=1になり、桁上げなし(Ca=0)になります。
- x=1, y=1より1+1+0=0になり、桁上げCa=1になります。
- x=1, y=1、また、前の繰上げCa=1がありますから1+1+1=1になり、桁上げCa=1になります。
- x=0, y=0、また、前の繰上げCa=1がありますから0+0+1=1になり、桁上げなし(Ca=0)になります。

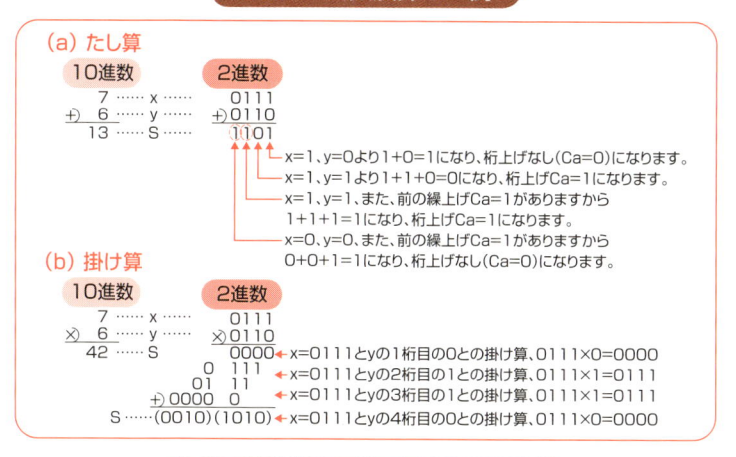

(b) 掛け算

10進数	2進数
7 ……x……	0111
×) 6 ……y……	×) 0110
42 ……S	0000
	0 111
	01 11
	+) 0000 0
	S ……(0010)(1010)

- x=0111とyの1桁目の0との掛け算、0111×0=0000
- x=0111とyの2桁目の1との掛け算、0111×1=0111
- x=0111とyの3桁目の1との掛け算、0111×1=0111
- x=0111とyの4桁目の0との掛け算、0111×0=0000

図3　1ビット半加算器、半減算器

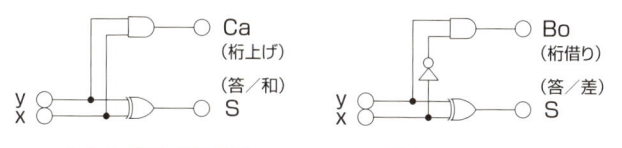

(a) 1ビット半加算器 — Ca(桁上げ)、S(答/和)
(b) 1ビット半減算器 — Bo(桁借り)、S(答/差)

(c) 真理値表

被演算数 x	演算数 y	答(和,差) S	桁上げ Ca	桁借り Bo
0	0	0	0	0
1	0	1	0	0
0	1	1	0	1
1	1	0	1	0

用語解説

Exclusive OR：不一致回路、反一致回路、あるいは、排他的論理和と呼ばれ、重要なデジタル回路の一つです。→ 19項参照。

●第6章 計算するデジタル回路（演算回路）

47 桁上げ桁借り入力をもつ加算器、減算器とは？

1ビット全加算器、全減算器

前ビットからの桁上げ／桁借り入力をもつ演算回路である1ビット全加算器、全減算器をみてみましょう。

2進数（x、y）の加算は、x+y=1+1=0ですが、桁上げ（Ca=1）が発生します。この桁上げ（Ca）を次のビット演算に入力として加算する必要があります。つまり、被演算数（x）、演算数（y）、そして、前ビットからの桁上げ（N）を入力としてもつのが"1ビット全加算器"です（図1参照）。

一方、前ビットからの桁借り（Bo）入力をもつ2進数（x、y）の減算器は、"1ビット全減算器"と呼ばれます（図2参照）。これら1ビット全減算器の答（和、差）は同じになりますが、桁上げ（Ca）、桁借り（Bo）が異なります（表1参照）。これら1ビット全加減算器の論理回路は煩雑になりますので、論理記号をボックス等で表記します。なお、1ビット全加減算器の答（和、差）は不一致回路（Exclusive OR）からなりますが、論理積、論理和（AND、ORゲートなど）で表記することもあります（図3参照）。

また、動作を表わす論理式（ブール代数）は、次のようになります。

$S = x\bar{y}\bar{z} + \bar{x}y\bar{z} + \bar{x}\bar{y}z + xyz = (x\bar{y} + \bar{x}y)\bar{z} + (\overline{x\bar{y} + \bar{x}y})z = a\bar{z} + \bar{a}z$、

ここで、$a = x\bar{y} + \bar{x}y$

$Ca = xy + yz + zx$、$Bo = \bar{x}y + yz + z\bar{x}$

なお、1ビット全減算器は電卓分野などに用いられますが、その他の分野では用いられず、減算は補数を加算して減算の代わりに用いるのが一般的です。

要点BOX
●2進数（x、y）の演算は、答の他に桁上げ／桁借りが生じる。この桁上げ／桁借りを次の計算に組み込んだ回路が"1ビット全加減算器"。

図1　1ビット全加算器

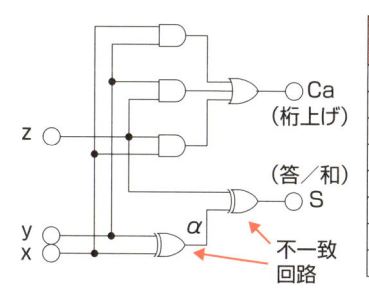

(a) 全加算器

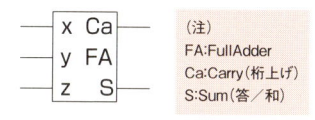

(b) 論理記号

(注)
FA:FullAdder
Ca:Carry（桁上げ）
S:Sum（答／和）

表1　1ビット全加算器、全減算器の真理値表

被演算数 x	演算数 y	前からの桁上借 z	答(和/差) S/D	桁上げ Ca	桁借り Bo
0	0	0	0	0	0
1	0	0	1	0	0
0	1	0	1	0	1
1	1	0	0	1	0
0	0	1	1	0	1
1	0	1	0	1	0
0	1	1	0	1	1
1	1	1	1	1	1

不一致回路

図2　1ビット全減算器

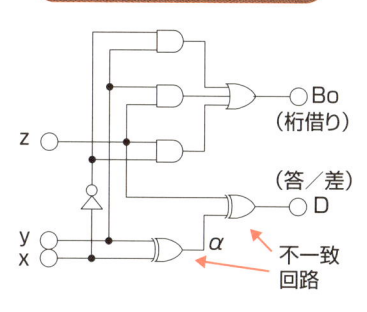

(a) 全減算器

(b) 論理記号

(注)
FS:FullSubtractor
Bo:Borrow（桁借り）
D:Difference（答／差）

不一致回路

図3　集積化に適した1ビット全加算器

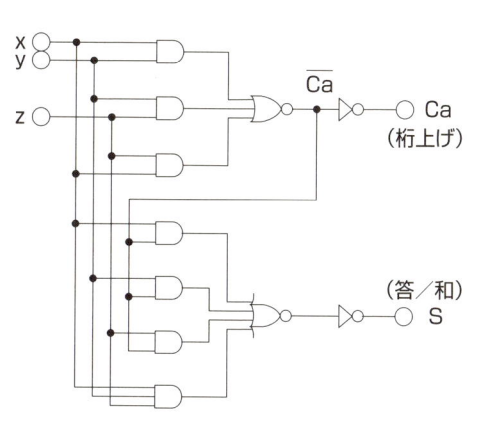

$\overline{Ca}$ → Ca（桁上げ）

（答／和）S

用語解説

補数（Complement）：ある基準の数に対して、基準の数からその数を引いた残りの数を"補数"と呼び、"2^n-1を基準にした1の補数"と"2^nを基準にした2の補数"があります。例えば、2進数4ビットの2^n-1を基準にした$(5)_{10}$の1の補数は$(10)_{10}$で、各ビットの反転によって求まります。また、2進数4ビットの2^nを基準にした$(5)_{10}$の2の補数は$(11)_{10}$で、各ビットを反転し、これに1を加えることによって求まります。→ 参考文献(03)、pp.163-164参照。

48 1、4ビット全加算器の違いってなぁーに？

1、4ビット全加算器

電卓などは、構成素子数の少ない理由などから1ビット直列全加算器が用いられます（図1参照）。例えば、2進数（x、y）の加算、x+y=11+1を考えてみます。

① 1サイクル目：最下位ビットのx=1、y=1を加算し、和S=0、桁上げCa=1になりますのでCaをメモリに記憶します。

② 2サイクル目：記憶されていた前ビットの桁上げz=1、および、x=1、y=0を加算し、和S=0、新しい桁上げCa=1になりますのでCaをメモリに記憶します。

③ 3サイクル目：記憶されていた前ビットの桁上げz=1、および、x=0、y=0を加算し、和S=1、新しい桁上げCa=0になりますのでCaをメモリに記憶します。

④ 4サイクル目：記憶されていた前ビットの桁上げz=0、および、x=1、y=0を加算し、和S=1、新しい桁上げCa=0になりますのでCaをメモリに記憶します。このような動作によって、10進数でx+y=11+1は答S=(1100)$_2$、つまり、S=(12)$_{10}$になります。

このように、1ビット直列全加算器は4サイクル（4ビット）で1桁目の演算を行ないます。このために演算時間が長くかかり、高速分野では不向きな演算回路です。

これを改善したのが加算器を4個用いた4ビット並列全加算器で、下位ビットの桁上げ信号を次の上位ビットの桁上げ入力へ供給するような回路構成になっています（図2参照）。この4ビット並列全加算器は、桁上げCaが下位ビットから次の上位ビットへ順次、送られていきますので桁上げの時間が長くなります。このために、各ビットの桁上げ信号を先取りする"キャリールックアヘッド回路（桁上げ先見回路）"を設けて改善し、高速化を図ります（図3参照）。

要点BOX
- 並列全加算器は通常、4ビット以上が用いられ、高速化のためにキャリールックアヘッド回路（桁上げ先見回路）をもつ。

図1　1ビット直列全加算器の演算の仕方

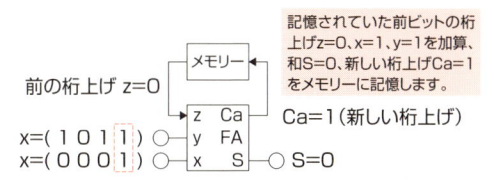

(a) 1サイクル目

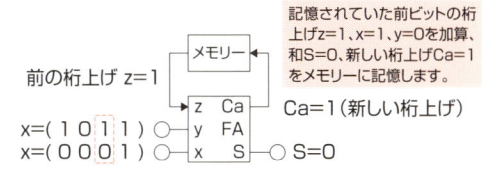

前の桁上げ z=0
x=(1 0 1 1)
x=(0 0 0 1)

記憶されていた前ビットの桁上げz=0、x=1、y=1を加算、和S=0、新しい桁上げCa=1をメモリーに記憶します。

Ca=1（新しい桁上げ）
S=0

(b) 2サイクル目

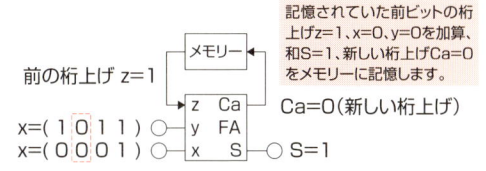

前の桁上げ z=1
x=(1 0 1 1)
x=(0 0 0 1)

記憶されていた前ビットの桁上げz=1、x=1、y=0を加算、和S=0、新しい桁上げCa=1をメモリーに記憶します。

Ca=1（新しい桁上げ）
S=0

(c) 3サイクル目

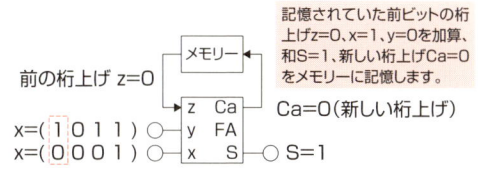

前の桁上げ z=1
x=(1 0 1 1)
x=(0 0 0 1)

記憶されていた前ビットの桁上げz=1、x=0、y=0を加算、和S=1、新しい桁上げCa=0をメモリーに記憶します。

Ca=0（新しい桁上げ）
S=1

(d) 4サイクル目

前の桁上げ z=0
x=(1 0 1 1)
x=(0 0 0 1)

記憶されていた前ビットの桁上げz=0、x=1、y=0を加算、和S=1、新しい桁上げCa=0をメモリーに記憶します。

Ca=0（新しい桁上げ）
S=1

図2　4ビット並列全加算器

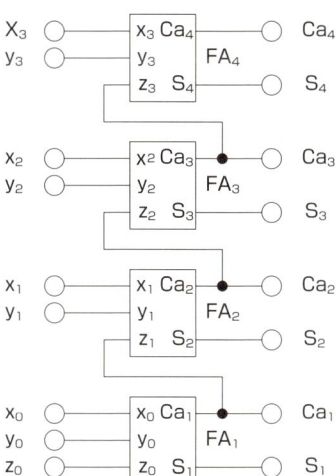

図3　桁上げ先見回路付き4ビット並列全加算器

加算器一つで計算するのは時間が長くかかるのだなぁー！

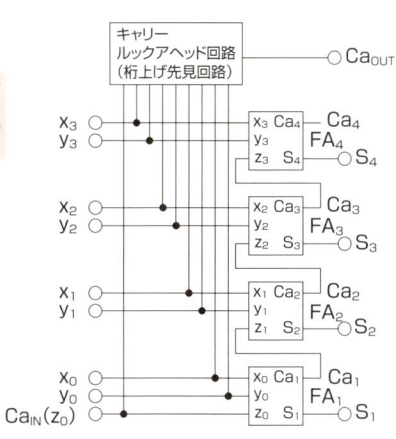

49 演算処理する回路の集まりマイコンとは？

8ビットマイコン

マイコンとは、マイクロコンピュータ(Micro-computer)の略語で、ひじょうに小さなコンピュータの意味です。マイコンは、一連の処理手順であるプログラム（命令）を解読し、データ計算、データの書き換え、データの移動、周辺装置の制御などのデータ処理を行ないます（図1参照）。マイコンの中心は、CPU (Central Processing Unit)と呼ばれる演算回路を中核とした中央演算処理装置からなります。この CPU を集積化したものを"マイクロプロセッサ (Micro Processor／Micro Processing Unit：MPU)"と呼び、データを記憶保管するメモリや周辺装置を制御する周辺回路などを1チップに集積化したものを"シングルチップ・マイクロプロセッサ"と呼びます。また、数チップでマイコンを構成する"マルチチップ・コンピュータ"や"ビットスライス・コンピュータ"などがあります。

8ビットマイコンの内部をみてみますと、演算部、制御部、入出力装置(Input／Output Interface：I/O)などからなります。つまり、演算をつかさどる演算回路 (Arithmetic Logic Unit：ALU／算術論理演算ユニット)やアキュムレータ、また、実行命令の記憶、演算結果の表示などに用いられるデータ保管のレジスタ、プログラムを記憶して番地（アドレス）を指定するカウンタ等からなります（図2参照）。ここで、8ビットマイコンの実行は基本的に3サイクルで行なわれます。

つまり、①実行する命令をメモリから読み出し（フェッチサイクル）、②その命令を解読し（デコードサイクル）、③その命令を実行する（実行サイクル）からなります。ここで、命令の解読（デコードサイクル）時には、次の命令を実行するために次の命令の番地を自動的に更新する働き（命令アドレスの更新）もあります（図3参照）。

このように、マイコンは演算回路を中核にあらゆるデータ処理を行なうアナログを含むデジタル回路から構成されています。

要点BOX
●マイコンはプログラムを解読し、データ計算、データの書き換え、データの移動、周辺装置の制御などを行なうアナログを含むデジタル回路。

図1　マイコンの役割は？

- 命令を解読します。
- データを格納します。
- 格納場所を移動します。
- 計算します。
- データを外から取り込みます。
- データを書き換えます。
- 指令を外部へ出します。
- データを外部へ出力します。

マイコンってすごい能力を持っているのねぇー！

図2　8ビットマイコンの内部構造概念図

専用レジスタ
- プログラムカウンタ（PC）
- スタックポインタ（SP）
- アドレスバッファ
- アドレスバス（16）
- データバス（8）
- データバッファ

内部データバス

- インストラクションレジスタ
- アキュムレータ（A）
- B C D E H L　汎用レジスタ
- デコーダ
- フラグレジスタ
- ALU
- タイミング制御回路
- 入力信号
- 制御信号バス

図3　8ビットマイコンの命令実行

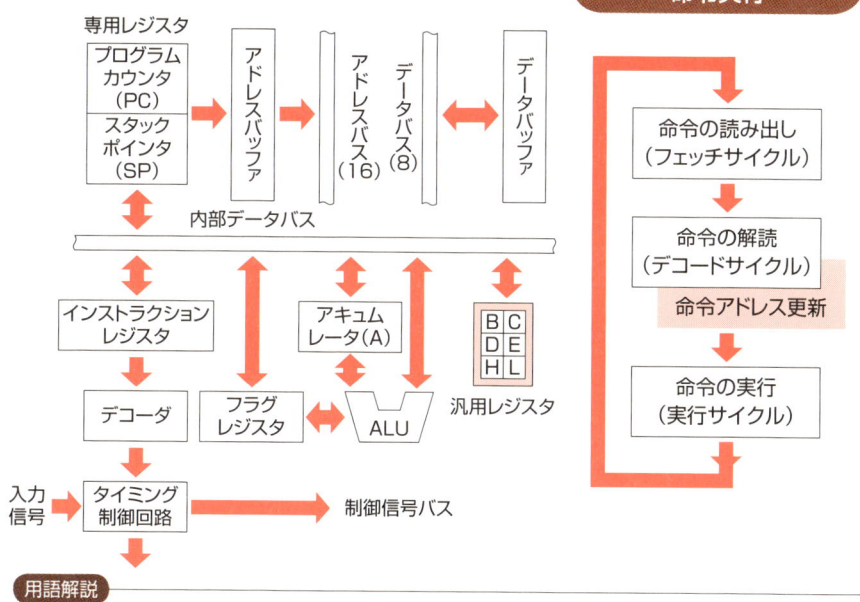

命令の読み出し（フェッチサイクル）
↓
命令の解読（デコードサイクル）
命令アドレス更新
↓
命令の実行（実行サイクル）

用語解説

CISC（Complex Instruction Set Computer）：データ処理するアドレスを決め、どこのアドレスで何を処理するかを予め決めてデータ処理などを行なうマイコンをさします。

RISC（Reduced Instruction Set Computer）：予めデータ処理手順を決めないで、単純な演算を何回も繰り返してデータ処理などを行なうマイコンをさします。

アキュムレータ（Accumulator）：累算器と呼ばれるレジスタで、データの一時記憶、演算のためのデータの一時記憶、メモリへのデータ転送など、演算回路（ALU）のためのレジスタです。

チップ（Chip）："小片"という意味で、小さな半導体の薄片板（ウェファ基板）上に多数の電子部品（トランジスタ、抵抗、コンデンサなど）等を埋め込んだ集積回路の小薄片をさし、ICやCPUなどの俗称としても使用されます。なお、ペレット（Pellet）、ダイス（Dice）、ダイ（Die）なども同じ意味で用いられます。

Column ⑥

ゲートアレイってなぁーに？（ASIC）

デジタル回路を搭載したLSIが使われ始めると、目的に応じたカスタムLSIの開発要望が増えてきました。この対応に1980年、米国・LLCがゲートアレイ（GA: Gate Array）を立ち上げました（図1参照）。このGAは、P-、N-MOSトランジスタをペアーにした基本セルを半導体ウェハ上に格子（アレイ）状にメーカが作り込み、このウェハを使用者が設計支援ツールを用いて回路（メタル配線）設計し、所望の回路やシステムを実現するLSIで、製造がメーカに依存しています。このカスタムLSIを"特定用途向けLSI（ASIC: Application Specific Integrated Circuit）"と呼びます。

このGAは、「開発期間が長い」、「無駄な素子がある」等の不都合さから、従来のGAの基本セルを用いながら、メモリ、演算回路、マイコン周辺回路、アナログ回路などをマクロセル（Macro Cell）、IP（Intellectual Property・設計資産）として予め準備し、それらを組み合わせて所望のシステムを実現するスタンダードセル（SC）が米国・VLSI Technology社から登場しました。このスタンダードセル方式は、メーカによってはセルベースICと呼び、GAと開発期間がほぼ同じで、高機能のLSIを作ることができます。

その後、高性能化と開発の柔軟性等からGAとSCの中間方式、つまり、GAの下地（基本セル）に所望するマクロセルを埋め込む"エンベデッドアレイ（Embedded Array）"が登場し、ASICの中で使用されています（図2参照）。このASICは、使用者がメタル配線の設計を行ない、LSIメーカが製造する点がFPLDと異なります。

図2　エンベデッドアレイのチップ配置とマクロセル

図1　ゲートアレイのチップ配置と基本セル

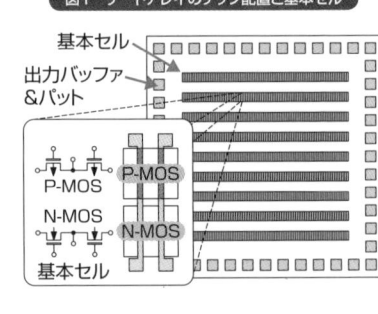

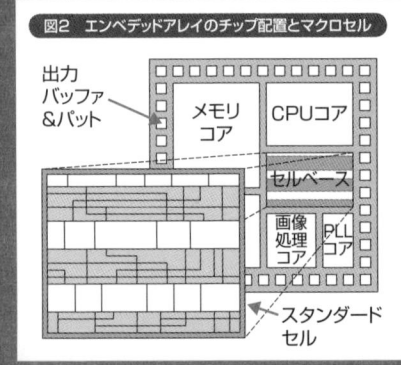

第7章

デジタル回路に不可欠なメモリ
（メモリ回路）

50 メモリってなぁーに?

MOSメモリには、いろいろなタイプがある

メモリ(Memory)とは、"記憶"の意味で、データを記憶する電子素子、あるいは、装置をさします。

具体的には、2進数1、0レベル(1ビット)をコンデンサの充放電電荷に置き換えたもの、フリップフロップの内部電位をデータとして保存するもの、MOSトランジスタの電荷蓄積用浮遊ゲート(多結晶シリコン)に電子(エレクトロン)を注入／放出し、データとして記憶保持するものなどがあります(図1参照)。

1番目のコンデンサの充放電電荷を利用するメモリとしては昔、コンデンサメモリがありましたが、集積回路の誕生とともに姿を消し、代わりにダイナミックRAM(Dynamic Random Access Memory：DRAM)と呼ばれるビットあたり、トランジスタ1個とキャパシタ1個からなるメモリが1970年代に生まれ、今日のメインメモリの一つになっています。このDRAMは、キャパシタの充放電電荷を利用していますので一定間隔で充放電電荷を補充(リフレッシュ動作)する必要が

あるメモリです(図2参照)。2番目のフリップフロップの内部電位を利用するメモリとしては、インバータのたすき掛け回路からなるスタティックRAM(Static Random Access Memory：SRAM)です。この SRAMは、DRAMのようなリフレッシュ動作の必要がなく、電源がオンである間はデータを保ち続けますが、電源をオフしますとデータがすべて消去されます。このことは、DRAMも同じで、揮発性メモリになります。

これに対して、3番目の電子の注入／放出を利用するメモリとしてはEP-ROM(Erasable and Programmable ROM)、E²P-ROM(Electrically EP-ROM)などがあり、電源をオフしてもデータが保存される不揮発性メモリで、デジカメ、USBメモリなどに広く利用されています。

このように、いろいろなメモリがあり(図3参照)、メモリの特長に適した分野に用いられています。

要点BOX
●メモリにはキャパシタの充放電電荷利用、フリップフロップの内部電位利用、MOS浮遊ゲートに電子を注入／放出利用するタイプがある。

図1　いろいろなメモリ（記憶方法）

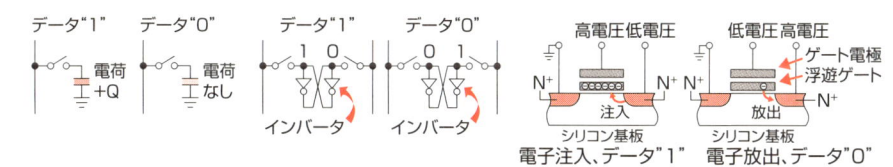

- データ"1"：電荷+Q／データ"0"：電荷なし
- データ"1" 1 0／データ"0" 0 1　インバータ
- 高電圧 低電圧：ゲート電極／浮遊ゲート、N+ N+ 注入、シリコン基板　電子注入、データ"1"
- 低電圧 高電圧：放出、N+ N+、シリコン基板　電子放出、データ"0"

(a) コンデンサの充放電電荷利用　(b) フリップフロップ利用　(c) 浮遊ゲートへの電子注入／放出利用

図2　メモリには、リフレッシュ動作が必要なメモリがあります。

（注）小さな鳥かごと大きな鳥かごでは、えさの与え方が違うようにメモリにもデータを記憶させておくのにリフレッシュが必要なメモリがあります。

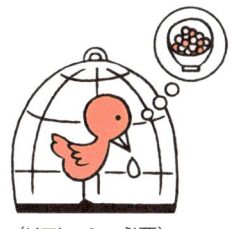

(a) DRAM（リフレッシュ必要）　(b) SRAM（リフレッシュ不要）

図3　いろいろなメモリ（揮発性メモリと不揮発性メモリ）

- メモリ
  - 揮発性メモリ
    - DRAM（リフレッシュ要）
    - SRAM（リフレッシュ不要）
  - 不揮発性メモリ
    - ROM（マスクROM）
    - P-ROM（ヒューズドROM）
    - EP-ROM（紫外線消去）
    - E^{2}P-ROM（電気的書き換え可能）
    - フラッシュE^{2}P-ROM（一括消去）

略語一覧
- DRAM：Dynamic Random Access Memory
- SRAM：Static Random Access Memory
- ROM：Read Only Memory
- P-ROM：Programmable ROM
- EP-ROM：Erasable and Programmable ROM
- E^{2}P-ROM：Electrically EP-ROM
- フラッシュE^{2}P-ROM：Flash E^{2}P-ROM

用語解説

MOS：Metal Oxide Semiconductorの略で、ゲート電極に信号が印加されるとソース電極とドレイン電極間に電流が流れる（オンする）トランジスタで、金属酸化膜半導体電界効果トランジスタと呼ばれ、集積回路の主要な素子です。

浮遊ゲート（Floating Gate）：MOSトランジスタの制御用ゲート電極とシリコン界面（半導体の基板面）との間に設けられた電荷蓄積用ゲート（多結晶シリコン）をさします。

多結晶シリコン：ポリシリコン（Poly-crystalline Silicon）と呼ばれ、MOSトランジスタのゲート電極に使用される単結晶粒の集合体をさします。

USBメモリ：USBはUniversal Serial Busの略で、コンピュータ等の情報機器に周辺機器を接続するためのシリアルバス規格の一つです。このUSB規格に準拠したコネクタに接続して使用できるフラッシュE^{2}P-ROMを搭載した持ち運びできる記憶装置を"USBメモリ"と呼びます。

51 揮発性メモリとは？

DRAM、SRAM

メモリ(Memory)内部をみてみましょう。最小単位のメモリ(メモリセル)は、碁盤の目のように平面的に規則正しく、アレイ状に並べられています。これを"メモリアレイ"、"メモリマトリックス"と呼びます。メモリがマトリックス状になっていますので、横線を指定する行アドレスと縦線を指定する列アドレスによって1個のメモリセルを選択します(図1参照)。

データを書き込む時には、データ入力から入ったデータが周辺制御回路を介し、ビット線BLを通して指定アドレスで選択したメモリセルへ書き込みます。データを読み出す時には、選択したメモリセルからビット線BLを通し、センス回路によって読み出され出力します。つまり、希望するメモリセルの選択は行アドレスと列アドレスによって行なわれます。

一般にメモリは、電源オフでデータが消去される揮発性メモリで、DRAM、SRAM等があります(図2参照)。前者のDRAMはトランジスタ1個とキャパシタ1個からなり、ワード線Wが1レベルになりますとスイッチ素子MOSがオンし、ビット線BL上のデータを書き込み、あるいは、キャパシタにあるデータを読み出します。その動作は周辺制御回路で行ないます。

後者のSRAMは、インバータのたすき掛け回路からなり、その内部電位の状態を外部からの制御でデータの書き込み、読み出しを行なうメモリです。このSRAMは、DRAMに比べて素子数が多くなりますが、リフレッシュ動作不要のために周辺制御回路が簡単なメモリになります。これらDRAM、SRAMともに歴史が古く、記憶容量の変遷をみますと、メモリ誕生から現在まで100万倍以上の大容量になっています。

このように、メモリの大容量化により電子機器の軽薄短小のみならず高性能化が実現しているのです(図3参照)。

要点BOX
- メモリはアレイ状に配置され、横線指定の行アドレスと縦線指定の列アドレスによってセルを選択してデータの書き込み、読み出しを行なう。

図1 メモリの構造一例

行(ロー)アドレス入力 → 行(ロー)デコーダ

メモリセル、(ロー・アドレス線)ワード線W、ビット線BL(データ線DL)、メモリアレイ メモリマトリックス

データ入力 D_{IN} → センス回路、周辺制御回路 → データ出力 D_{OUT}

列(カラム)デコーダ ← 列(カラム)アドレス入力

図2 代表的な揮発性メモリ（DRAM&SRAM）

(a) DRAM: ワード線W、ビット線BL、MOS、キャパシタ

(b) SRAM: ワード線W、ビット線BL、MOS、Q、$\bar{Q}$、インバータ

図3 メモリ容量の変遷と応用分野一例

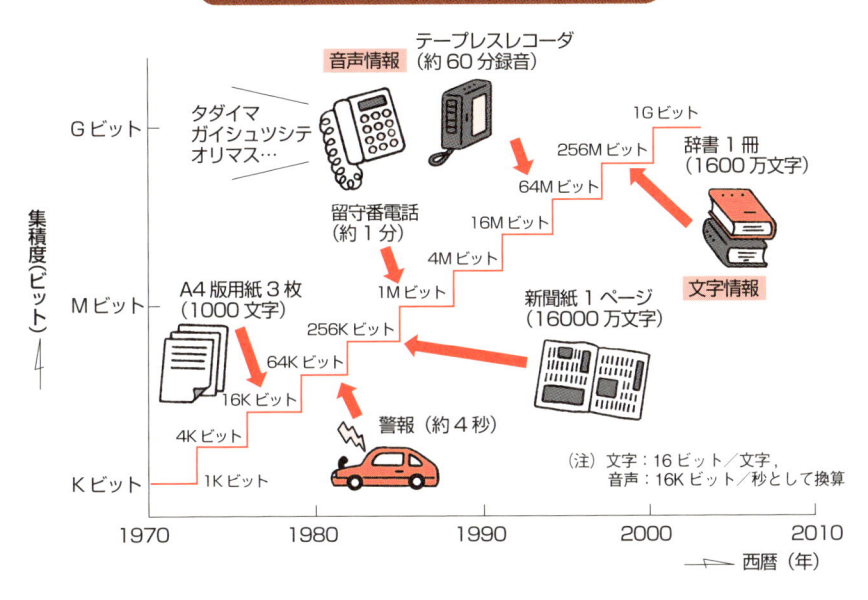

縦軸：集積度(ビット) — Kビット、Mビット、Gビット
横軸：西暦(年) 1970〜2010

- 1Kビット
- 4Kビット
- 16Kビット — A4版用紙3枚(1000文字)
- 64Kビット
- 256Kビット
- 1Mビット — 留守番電話(約1分)、タダイマガイシュツシテオリマス…(音声情報)
- 4Mビット
- 16Mビット
- 64Mビット — テープレスレコーダ(約60分録音)
- 256Mビット — 辞書1冊(1600万文字)(文字情報)
- 1Gビット

警報(約4秒)
新聞紙1ページ(16000万文字)

(注) 文字：16ビット／文字，音声：16Kビット／秒として換算

引用文献：鈴木八十二著，"超LSI工学入門"，p.6，日刊工業新聞社，2000年12月14日

用語解説

アレイ（Array）：アレイは配列を意味し、縦横に規則正しく最小単位のメモリ(メモリセル)が並んでいる状態を示します。記憶するためのメモリセルがたくさん配列されていますので"メモリアレイ"、"メモリマトリックス"などと呼ばれます。

DRAM：Dynamic Random Access Memoryの略で、随時、データの書き込み、読み出しができるダイナミック動作のメモリをさします。

SRAM：Static Random Access Memoryの略で、随時、データの書き込み、読み出しができるスタティック動作のメモリをさします。

52 不揮発性メモリとは？

EP-ROM、E²P-ROM、フラッシュE²P-ROM

電源オフでデータが消えない不揮発性メモリとして登場したのがマスクROMです。このマスクROMは、電卓やマイコン等のアドレス、データ処理手順、処理内容等のデータ記憶に用いられます。プログラムは、集積回路（IC）の製造工程で用いるフォトマスクによってMOSトランジスタの有無で決めます（図1参照）。製造工程中でのプログラムですので少量生産には適さず、半導体メーカが生産してユーザへ供給するまでの時間（TAT）が長く、チップ製造後のプログラム変更が出来ない等の不便さがあります。

これを改善したのがP-ROM、EP-ROMです。前者のP-ROMはヒューズ素子（多結晶シリコン）に大電流を流して溶断し、MOSの有無をプログラムしますが、プログラム後は変更できないことと溶断したヒューズ素子によって信頼性に乏しい面があり、実用化が遠のいています。後者のEP-ROMは、MOSのゲートとシリコン界面との間に浮遊ゲートを設け、ソース・ドレイン間のホットエレクトロンを捕獲してMOSの有無を決定しますが、データ消去は紫外線をあてて捕獲した電子を浮遊ゲートから放出（一括消去）します。プログラムした後のデータ読み出しは、電子の注入されているMOSがオフ、電子の注入のない（電子放出）MOSがオン／オフしてデータ有無に対応します（図2参照）。このEP-ROMは、プログラム消去が紫外線使用ですので紫外線照射装置等が必要になります。

これを改善したのがE²P-ROMで、薄い絶縁膜を通してのトンネル電流によって電子注入を行ない、プログラムします。データ消去は電子注入の逆電圧で浮遊ゲートから電子を放出して行ないます（図3参照）。なお、消去用専用ゲートを設けて電子放出を一括で行なうのが"フラッシュE²P-ROM"です。

このようにE²P-ROMは、電気的にプログラム出来ることで電子機器の高性能化に寄与しています。

要点BOX
●不揮発性メモリは、電源をオフしてもデータが消えないメモリをさし、マスクROM、P-ROM、EP-ROM、そして、E²P-ROMなどがある。

図1　マスクROMのプログラム方法の一例

※印:MOSトランジスタのないことを示します。
プログラムは拡散層、または、イオン注入等で接続します。

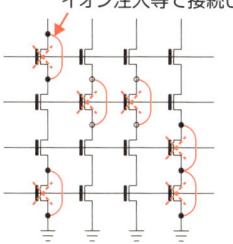

(a) AND形式ROMのセル

プログラムはコンタクト孔を除去、または、アルミ配線等を切断します。

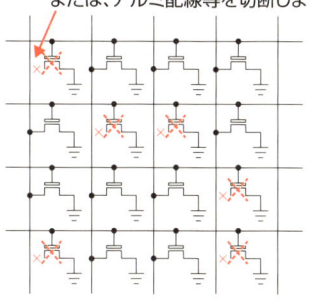

(b) OR形式ROMのセル

図2　EP-ROMプログラムの状態とデータ読み出し時のMOS動作状態

(注)電子放出は、紫外線照射で行ないます。

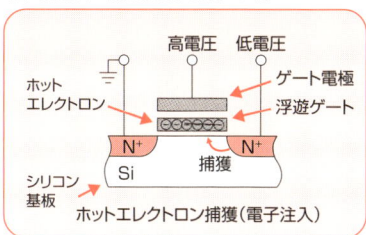

(a) プログラムの状態

ホットエレクトロン／高電圧／低電圧／ゲート電極／浮遊ゲート／捕獲／N+／Si／シリコン基板／ホットエレクトロン捕獲(電子注入)

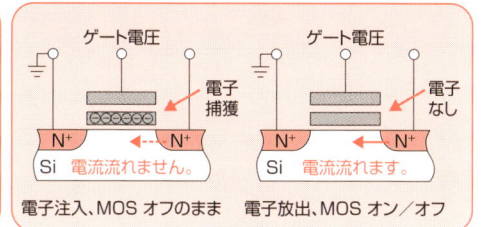

(b) 読み出し時のMOS動作状態

ゲート電圧／電子捕獲／電流流れません。／電子注入、MOSオフのまま
ゲート電圧／電子なし／電流流れます。／電子放出、MOSオン／オフ

図3　E²P-ROMプログラム方法(トンネル電流による電子注入／電子放出)

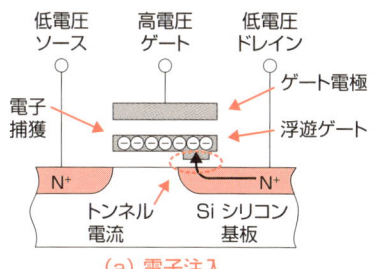

(a) 電子注入

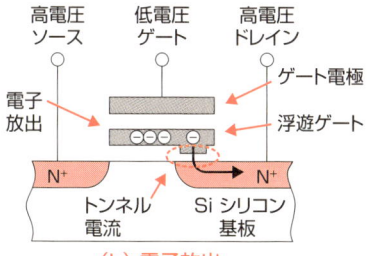

低電圧ソース／高電圧ゲート／低電圧ドレイン／ゲート電極／浮遊ゲート／電子捕獲／N+／トンネル電流／Si シリコン基板

(b) 電子放出

高電圧ソース／低電圧ゲート／高電圧ドレイン／ゲート電極／浮遊ゲート／電子放出／N+／トンネル電流／Si シリコン基板

用語解説

フォトマスク(Photo-Mask)：集積回路の素子絵柄(パターン)をシリコン基板に転写するのに用いられる原版のことです。

TAT：Turn Around Time の略で、設計開始からハードウエア完成までの開発期間をさします。

ホットエレクトロン(Hot Electron)：参考文献(04)、pp.51〜52参照。

トンネル電流(Tunnel Current)：シリコン酸化膜(絶縁体)等に高電界を印加すると絶縁膜を通って電流が流れる現象で、これをファウラ・ノルドハイム(Fowler Nordheim：FN)現象と呼び、FN電流、あるいは、トンネル電流と呼びます。

Column 7

CMOS素子の構造ってどうなっているの?(各種ウェルをもつCMOS)

異なる電圧の信号レベルを変えるレベル変換にはいろいろな回路がありますが、低電圧(例：+5V)から高電圧(例：+10V)に変える回路はCMOS集積回路(Integrated Circuits: IC)の素子構造に依存します(58項参照)。この半導体素子構造をみてみましょう。

① N基板Pウェル方式：N型シリコン基板より濃度の高いPウェル領域内にNMOSを作るためにNMOSの接合容量がPMOSの接合容量よりも大きくなるので、NMOS主体の論理ICには不向きな構造です。しかし、NMOSのPウェル領域がN型シリコン基板から分離されていますのでNMOSに対して基板変調電圧をかけることができ、基板変調電圧をかけるようなICやマイナス電圧を用いるICには適しています。例えば、電卓や時計用ICなどです(図(a))。

② P基板Nウェル方式：Nウェル領域の濃度よりも低いP型シリコン基板にNMOSを作るためにNMOSの接合容量がPMOSの接合容量よりも小さくなるので、NMOS主体の論理ICに適しています。しかし、PMOSの接合容量が大きいためにPMOSによる性能低下が避けられません。この方式は、プラス電源をいくつも使用するようなフラッシュメモリ(E^2PROM)などには適したデバイス構造です(図(b)参照)。

③ ツインウェル方式は、前述2方式の弱点を補うような構造で、両MOSの特性を同じように設定できますが、製造工程が複雑になります(図(c)参照)。

このように、用途に応じてCMOS・ICの素子構造を選択する必要があります。

図 各種ウェル方式CMOS素子の基本的な模式構造図

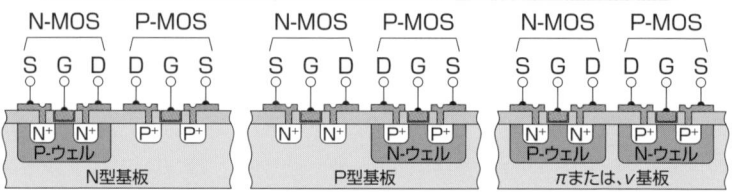

(a) N基板Pウェル方式 — N型基板、P-ウェル、N-MOS(S G D) N+ N+、P-MOS(D G S) P+ P+

(b) P基板Nウェル方式 — P型基板、N-ウェル、N-MOS(S G D) N+ N+、P-MOS(D G S) P+ P+

(c) ツインウェル方式 — πまたは、ν基板、P-ウェル、N-ウェル、N-MOS(S G D) N+ N+、P-MOS(D G S) P+ P+

(注) CMOS素子は模式的にアルミゲートで記しましたが、実際は複雑な構造です。
(出典：鈴木八十二著、"超LSI工学入門"、日刊工業新聞社、p.146、2000-12-14)

第8章
他の種々なるデジタル回路
（特殊なデジタル回路）

53 基準になるクロック信号発生回路とは？

CR発振器

デジタル回路は、基準になるクロック信号によって同期して動作します（図1参照）。このクロックを発生する回路には、①CRを用いた回路、②LCを用いた回路、③水晶振動子を用いた回路などがあります。

初めのCRを用いた回路を"CR発振器"、あるいは、"非安定マルチバイブレータ"などと呼び、一定周期の矩形波（パルス）を発生する回路で、CMOS素子を用いますとシンプルな回路になります（図2参照）。この CMOS非安定マルチバイブレータは、図2において、時刻 t_0 でa点が1レベル、b点が0レベル、d点が1レベルとしますと、電源 V_{DD} → MOS-P_2 → コンデンサC → 抵抗R → MOS-N_1 → 接地へ電流が流れてコンデンサCの電荷が放電し、a点の電位が低下します。時刻 t_1 でa点の電位がインバータINV-1のしきい電圧（V_{TC}）になりますとINV-1が反転してb点が1レベル、d点が0レベルになり、V_{DD} → MOS-P_1 → 抵抗R → コンデンサC → MOS-N_2 → 接地へ電流が流

れてコンデンサCへ電荷が充電し、a点の電位が上昇します。時刻 t_2 でa点の電位がインバータINV-1の回路しきい電圧（V_{TC}）になりますとINV-1が反転してb点が0レベル、d点が1レベルになり、時刻 t_0 と同じような状態になり、コンデンサCへの電荷が放電します。このように、コンデンサCへの電荷の充放電を繰り返して一定周期の矩形波（パルス）を発生します（図3参照）。

このCR発振器は、用いるインバータの増幅率が高利得（バッファ付インバータなど）ですと発振が不安定になるか、停止します。この対策として、インバータを3～4個用いた回路やシュミットトリガー付ゲートなどを用います（図4参照）。

2番目のLCを用いた回路は、コイルLの集積化が難しいために余り用いられません。また、発振精度を高めるには3番目の水晶発振回路を用います。

要点BOX
● デジタル回路の基準信号クロック発生回路には、①CRを用いた回路、②LCを用いた回路、③水晶振動子を用いた回路などがある。

図1 デジタル回路はクロックで同期化

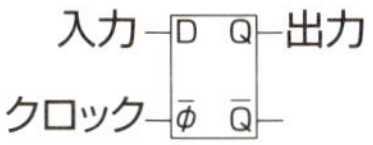

(a) 立ち下りエッジ動作型D-FF

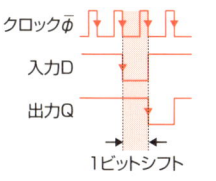

(b) 動作波形図（タイミングチャート）

1ビットシフト

図3 非安定型マルチバイブレータ（CR発振回路）の発振周波数

(a) 非安定型マルチバイブレータ（CR発振回路）の発振周波数は、下式になります。

$$f = \frac{1}{-CR\left(\ln\frac{V_{TC}}{V_{DD}+V_{TC}} + \ln\frac{V_{TC}-V_{TC}}{2V_{DD}-V_{TC}}\right)}$$

(b) 回路しきい電圧が $V_{TC} = \frac{1}{2}V_{DD}$ ですと、下式になります。

$$f = \frac{1}{-CR\left(\ln\frac{1}{3} + \ln\frac{1}{3}\right)} = \frac{1}{+2.2CR}$$

図2 非安定型マルチバイブレータ（クロック発生回路）

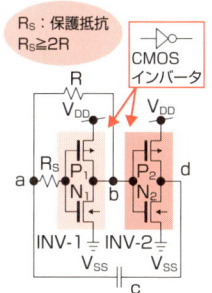

R_S：保護抵抗
$R_S \geq 2R$

CMOSインバータ

（注）V_F：ダイオード順方向電圧
V_{DD}：電源電圧（=+5V）
V_{SS}：接地電圧（=0V）

バッファーなしインバータ（4069U）
$V_{DD}=+5V$
$V_{TC}=+2.63V$
$R_S=10k\Omega$

計算値
実測値
$C=10pF$
20pF
100pF
220pF
1,000pF
10,000pF

(a) 非安定型マルチバイブレータ（CR発振器とも呼ばれます。）

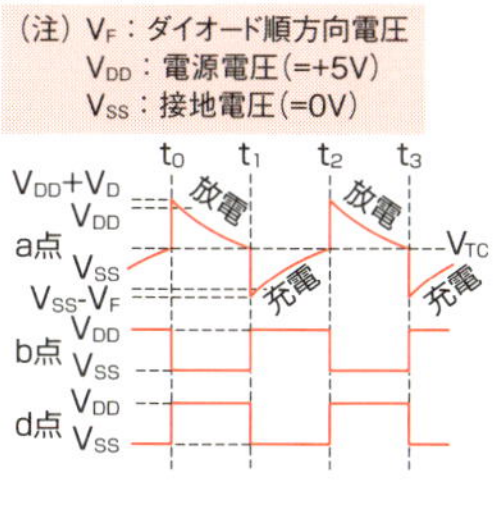

(b) 動作波形（タイミングチャート）

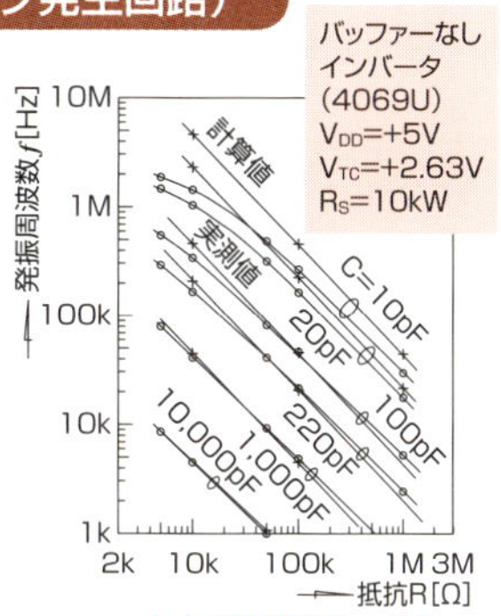

(c) 発振特性一例

図4 その他の非安定型マルチバイブレータ（クロック発生回路）

Inhibit（制御）

バッファーなし2入力NANDゲート
インバータ

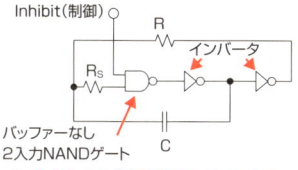

(a) Inhibit付3段ゲートによる非安定型マルチバイブレータ

Inhibit（制御）

シュミットトリガー付2入力NANDゲート

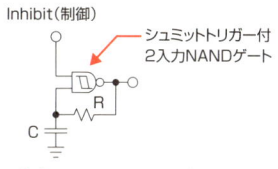

(b) シュミットトリガーによる非安定型マルチバイブレータ

用語解説

非安定マルチバイブレータ（Astable Multi-vibrator）：能動素子（CMOSインバータ等）と受動素子（CR等）によって一定周期の矩形波（パルス）を発振する回路のことです。この他にマルチバイブレータには、単安定型（ワンショットパルス発生回路応用）と双安定型（スタティック型メモリ応用）があります。

回路しきい電圧（Circuit Threshold Voltage）：回路の動作状態が変化する入力電圧を"回路しきい電圧：V_{TC}"と呼びます。これに対して、素子がオン状態になる入力電圧を単に"しきい電圧（Threshold Voltage：V_{TH}）"と呼んでいます。

バッファー（Buffer）：58項参照。
シュミットトリガー：55項参照。
インヒビット（Inhibit）：66項参照。

● 第8章 他の種々なるデジタル回路（特殊なデジタル回路）

54 水晶振動子を用いたクロック信号発生回路とは？

水晶発振回路

前述のCR発振器は、容量Cへの充放電電荷動作のために周囲条件で特性が変わります。このために、高精度の応用には"水晶発振回路"が用いられます。

水晶振動子は、圧電素子の一つで、電圧印加によって水晶固有の振動を行ないますので、この振動を増幅器（CMOSインバータによるアンプ）で増幅し、クロックパルスにします。過去、水晶振動子は天然水晶が用いられましたが、現在は人工水晶に代わってきています。この水晶の厚さやカット法などによって発振周波数や精度が決まると言われており、特定の振動をもつ水晶振動子と増幅器を組み合せて水晶発振回路を構成します（図1(a)参照）。

この水晶振動子は、インダクタンスL、容量C、直列抵抗R、および、等価容量C₀からなり、発振回路は負荷容量C_Lと負性抵抗-R_Lからなります（図1(b)参照）。負性抵抗-R_Lは、水晶振動子に振動エネルギを与える増幅器の利得とも言えますので水晶

振動子の直列抵抗Rと負性抵抗-R_Lとは、R_L≳5Rなる関係が必要で、この条件が発振余裕度になります。この余裕度、つまり、負性抵抗-R_Lを求めるには水晶振動子×tanに抵抗rを直列に挿入して発振開始（停止）するまで、抵抗rを可変して抵抗rを求めます（図1(c)参照）。

この水晶発振回路負荷時の発振周波数f_Lは、水晶振動子の固有周波数f_Sと回路の負荷容量C_Lで決まります。ここで、C_Lは回路の浮遊容量（C_S）と発振安定調整容量（C_G、C_D）等からなります（図2参照）。

水晶発振回路の代表的な応用としては、電子時計があり、その発振周波数f_Lは電源電圧V_DD、回路の負荷容量C_L、安定抵抗R_Dなどに大きく依存し、また、CMOSインバータの内部構造（バッファー付無）にも依存します。なお、電源・接地間に制御抵抗R_D、R_Sを挿入しますと低電力化が可能になります（図3参照）。

要点BOX
● CR発振器は、容量Cへの充放電電荷動作のために周囲条件で特性が変わるため、高精度の応用には"水晶発振回路"が用いられる。

130

図1 水晶発振回路

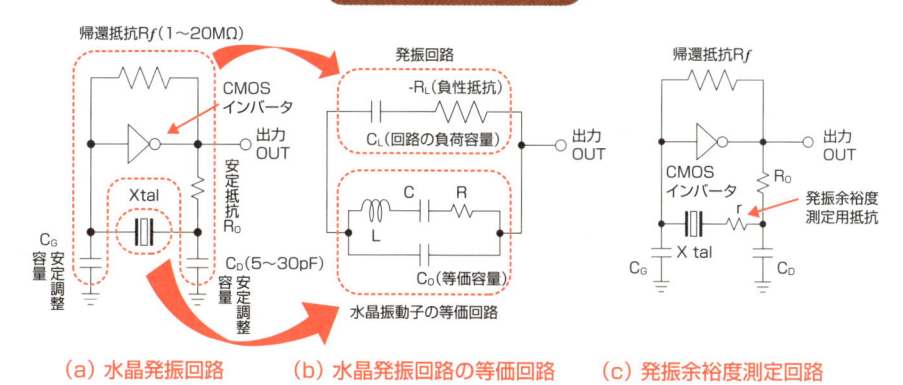

(a) 水晶発振回路

(b) 水晶発振回路の等価回路

(c) 発振余裕度測定回路

図2 水晶発振回路の発振周波数、回路負荷容量

水晶発振回路 負荷時の 発振周波数
$$f_L = f_S\left(1 + \frac{C}{2\times(C_S+C_L)}\right)$$

水晶振動子の 固有周波数 (直列共振)
$$f_S = \frac{1}{2\pi\sqrt{LC}}$$

回路の負荷容量
$$C_L = C_S + \frac{C_G \times C_D}{C_G + C_D}$$

(注) C_S:浮遊容量、C_G、C_D:発振安定調整容量

図3 水晶発振回路の電気的特性

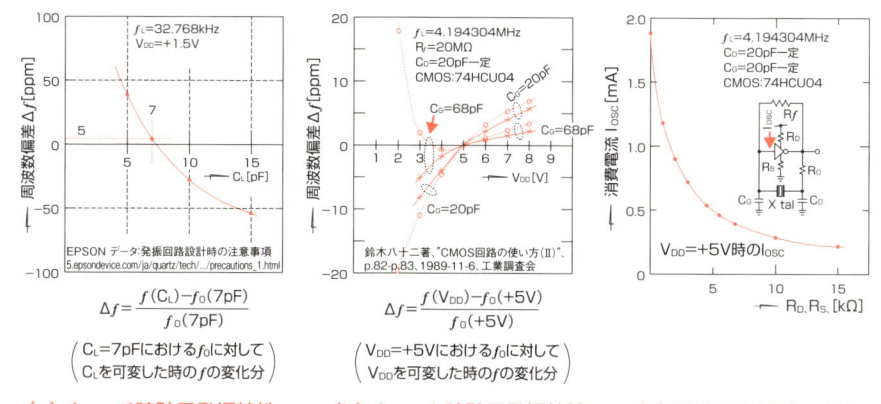

(a) ウォッチ時計用発振特性

$f_L = 32.768$kHz
$V_{DD} = +1.5$V

$$\Delta f = \frac{f(C_L) - f_0(7\text{pF})}{f_0(7\text{pF})}$$

(C_L=7pFにおけるf_0に対して C_Lを可変した時のfの変化分)

(b) クロック時計用発振特性

$f_L = 4.194304$MHz
$R_f = 20$MΩ
$C_D = 20$pF一定
CMOS:74HCU04
$C_G = 68$pF
$C_G = 20$pF

$$\Delta f = \frac{f(V_{DD}) - f_0(+5V)}{f_0(+5V)}$$

(V_{DD}=+5Vにおけるf_0に対して V_{DD}を可変した時のfの変化分)

(c) 消費電力低減一方法

$f_L = 4.194304$MHz
$C_D = 20$pF一定
$C_G = 20$pF一定
CMOS:74HCU04

V_{DD}=+5V時のI_{OSC}

用語解説

バッファー(Buffer): 58項参照。

周波数偏差: 基準発振周波数f_0に対して、負荷容量C_L、あるいは、電源電圧V_{DD}等を可変した時の発振周波数の変化分をさします。

ppm (parts per million): 100万分のいくらであるかという割合を示す数値で、主に、偏差や濃度を表わすために用いますが、不良品発生率などの確率を表わすこともあります。

55 入力ノイズを避ける回路とは？――その1

シュミットトリガー回路

デジタル回路の入力にノイズがのってきますと誤動作を起こすことがあります。また、アナログ的な信号が入りますとデジタル処理できないことがあります。この対策として、デジタル回路の入力にノイズ除去用のシュミットトリガー(Schmitt Trigger)を挿入します。

この回路は、回路の動作状態が変わる入力電圧(回路しきい電圧 V_{TC})を二つ持つ回路で、出力が0→1レベルへ変わるしきい電圧を"$V_{TU}(V_P)$"、1→0レベルへ変わるしきい電圧を"$V_{TL}(V_N)$"とした回路です。最もシンプルなシュミットトリガーは、正帰還抵抗 R_f と入力抵抗 R_s を持つインバータ2段からなる回路です(図1(a)(b)参照)。

この二つの回路しきい電圧 V_{TC} を持ちますと入力電圧 V_{IN} に対する出力電圧 V_{OUT} の応答がヒステリシス特性を持ちます(図1(c)参照)。また、正帰還抵抗 R_f と入力抵抗 R_s との比によって回路しきい電圧 V_{TC} を変化させることが出来ますが(図1(d)参照)、抵抗

変調のために高入力インピーダンスが低くなります。高入力インピーダンスをもつシュミットトリガーとしては、セット(リセット)優先型フリップフロップ(S（R）優先型FF)を用いること(図2参照)や集積化した回路(図3参照)になります。前者の優先型FFは、入力 V_{IN} を1(0)レベルに固定し、制御入力 V_X を可変しますと $V_{TU}(V_P)$ が変化し、ヒステリシス特性を持ちます。

後者の集積化した回路は、MOSトランジスタの相互(伝達)コンダクタンス g_m を変化(幾何学的な寸法変化)させて実現していますので使いやすい回路です。集積化したシュミットトリガーの回路しきい電圧は、CMOS系では $V_{TU}(V_P) = +2.8V$、$V_{TL}(V_N) = +2.3V$、TTL系では $V_{TU}(V_P) = +1.6V$、$V_{TL}(V_N) = +0.8V$です。

このように、シュミットトリガーは個別素子やゲートで構成でき、ノイズ対策等に便利な波形整形回路です。

要点BOX
● 入力ノイズ除去やアナログ的な信号を波形整形する回路が"シュミットトリガー"で、個別素子やゲートで簡単に構成できます。

図1　シュミットトリガー回路と特性

(a) しきい電圧と動作波形

(b) シンプルなシュミットトリガー回路

(c) ヒステリシス特性

(d) シュミットトリガー特性

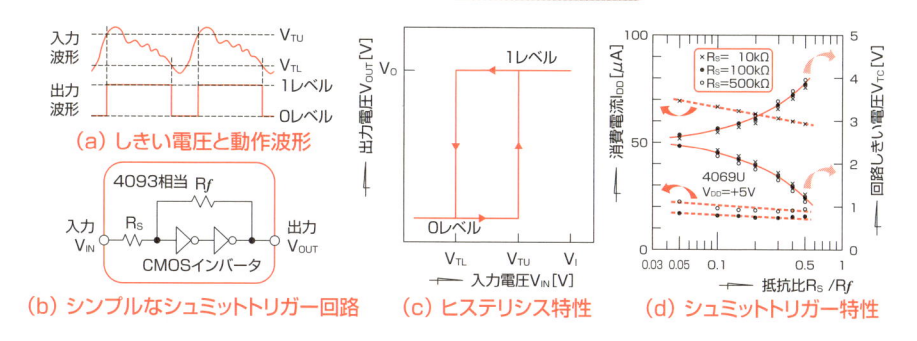

図2　優先型フリップフロップによるシュミットトリガー

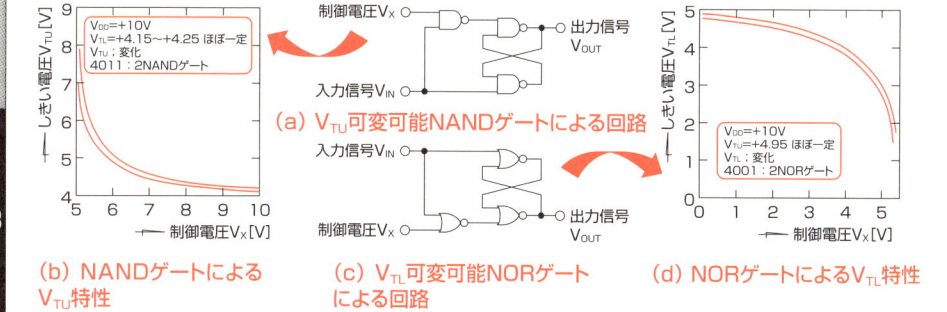

$V_{DD}=+10V$
$V_{TL}=+4.15～+4.25$ ほぼ一定
V_{TU}；変化
4011：2NANDゲート

(a) V_{TU}可変可能NANDゲートによる回路

$V_{DD}=+10V$
$V_{TU}=+4.95$ ほぼ一定
V_{TL}；変化
4001：2NORゲート

(b) NANDゲートによる V_{TU}特性

(c) V_{TL}可変可能NORゲートによる回路

(d) NORゲートによるV_{TL}特性

図3　集積化したシュミットトリガー回路

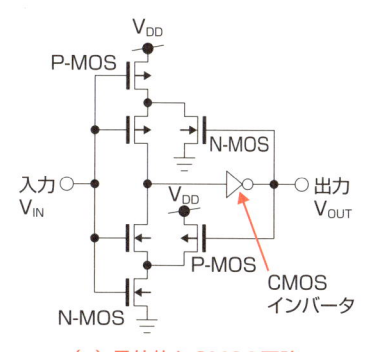

(a) 具体的なCMOS回路

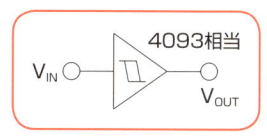

(b) 論理記号

	1レベル V_{TU}	0レベル V_{TL}
CMOS系	+2.8V	+2.3V
TTL系	+1.6V	+0.8V

(c) 設定されたV_{TU}、V_{TL}

用語解説

優先型フリップフロップ：29項参照。

相互(伝達)コンダクタンス g_m (Mutual Conductance / Trans-conductance)：MOSトランジスタの特性の一つで、ゲート電圧(入力電圧)の変化に対するドレイン電流(出力電流)の変化の割合をさします。

● 第8章 他の種々なるデジタル回路（特殊なデジタル回路）

56 入力ノイズを避ける回路とは？—その2

チャタリング防止回路

デジタル回路に用いる機械式スイッチは、チャタリング（Chattering：機械的な振動／ノイズ）があり、回路は誤動作を起こすことがあります。このチャタリングのパルス幅は数百μs〜数十msありますから、コンデンサCと抵抗R回路（積分回路）で時定数を数十ms〜数百msに設定して波形をなまらしてチャタリングの影響を軽減します。しかし、この方法で不十分な場合にはCR回路の出力にシュミットトリガーなどで波形整形します（図1参照）。このCR回路は時定数を長く設定しますのでIC化しにくい面があります。

この対策として、クロックパルスのあるシステム（回路）では、クロックパルスによってデータを取り込むことでノイズを除去します。例えば、1レベルのデータが3回回続けばデータ信号がオン、0レベルのデータが3回続けばデータ信号がオフとみなして、その信号をデータとします（図2参照）。このために用いるクロックパルスは、チャタリングの周期よりも長い周期をもつ信号

であることが必要です。また、次項の単安定マルチバイブレータを利用して、チャタリング含みの信号をワンショットパルスに変えて出力すれば正常な信号にみなせます。前述した方法はいずれもチャタリング現象が終わった後、つまり、入力信号が安定した頃をみてデータを取り込む方式ですので処理時間がかかり、応答が遅くなります。

この対策として、RS型フリップフロップ（RS-FF）によるチャタリング防止回路があります（図3参照）。RS-FFは、S に信号が入りますとセットし、Rに信号が入りますとリセットし、禁止入力以外の時はデータを保持して内容は変化しません。この特性を利用しデータを取り込む時間が速くなる特長をもちます。この他の対策としてはマイコンによる対応もあります。

このように、チャタリング防止回路には各種方式がありますので適材適所で用いることが重要です。

要点BOX
●チャタリング防止には①CR回路を用いる、②クロックパルスによってデータを取り込む、③RS型フリップフロップを用いる等がある。

図1　CR回路によるチャタリング防止の一例

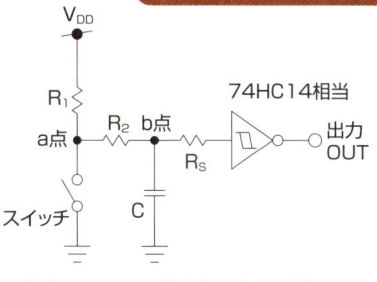

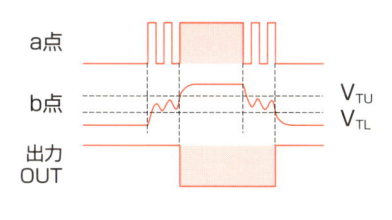

（a）チャタリング防止回路の一例

（b）動作波形

図2　シフトレジスタ(D-FF)によるチャタリング防止の一例

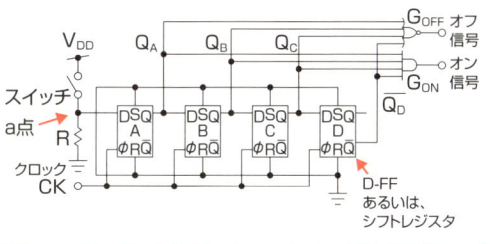

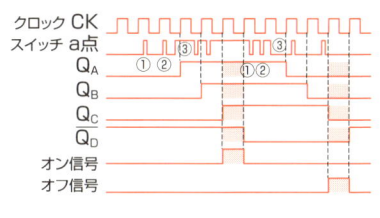

（a）シフトレジスタを用いたチャタリング防止回路の一例

（b）動作波形

図3　RS型フリップフロップによるチャタリング防止の一例

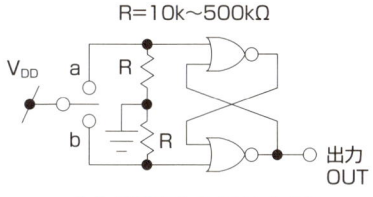

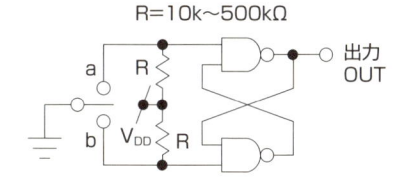

（a）NORゲートによる回路

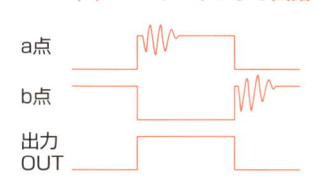

（c）NANDゲートによる回路

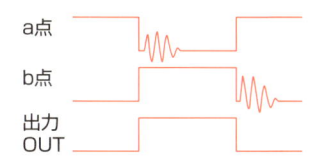

（b）NORゲートによる動作波形

（d）NANDゲートによる動作波形

用語解説

チャタリング(Chattering)：チャタリングとは、「振動により音をたてる」の意味で、スイッチ等の可動接点などが接触状態になる際に、バウンシング(Bouncing：跳ね上がり)して微細な非常に速い機械的振動を起こす現象をさします。

●第8章 他の種々なるデジタル回路(特殊なデジタル回路)

57 所望するパルス幅を得る回路とは?

単安定マルチバイブレータ

所望するパルス幅をもつパルスを得たい場合、例えば、トリガーパルスを印加してカウンタ等のクリア動作を十分、掛かるような幅広いパルスを得たい場合などに用いられるのが"単安定マルチバイブレータ(Monostable Multi-vibrator)"で、負パルス、正パルス発生回路があり、別名、ワンショットパルス発生回路と呼ばれます。

負パルス発生用回路は、CMOS 2入力NANDゲートを2個用い、そのゲート間にコンデンサCと抵抗Rを組み込めます(図1参照)。今、t_0で入力INが1レベルで、b点が0レベル、d点が1レベルとしますと、1段目のNAND-1のa点は0レベルで安定しています。t_1でINが1→0レベルへ変化しますと、a点が0→1レベルになり、電源V_{DD}→a点→コンデンサC→抵抗R→接地へ電流が流れ、b点が0→1レベルへ、d点が1→0レベルになります。t_2でINが0→1レベル、b点0レベルで安定しても、しばらくの間(t_W)、a点は1レベル、b点

の電位が低下し、t_3でb点の電位が、2段目のNAND-2の回路しきい電圧V_{TC2}になりますと、NAND-2が反転動作し、その出力d点が0→1レベル、a点が1→0レベルに戻り、b点がV_{TC2}→0レベル(実際は、V_{TC}-V_{DD})になります。ここで、t_4でb点が0レベルに戻り安定します。時間の経過とともに、t_1〜t_3を所望する時間(t_W:図2参照)、t_3〜t_4をリカバリ時間(t_R)と呼びます。このt_Rが長いと、次の入力パルスが印加できませんので、t_Rを短くなるようにダイオードDと抵抗rを挿入して対策します。

このように、NANDゲートを用いますと所望する負パルスを発生することができます。また、NORゲートを用いますと正パルスを発生することができます(図3参照)。さらに、部品点数を削減するためにヒステリシス特性をもつシュミットトリガーを用いますとシンプルな単安定マルチバイブレータになります(図4参照)。

要点BOX
●単安定マルチバイブレータは所望のパルス幅を発生する回路で、NANDゲートを用いると負パルス、NORゲートを用いると正パルスになる。

図1　負パルス発生NANDゲートによる単安定マルチバイブレータ

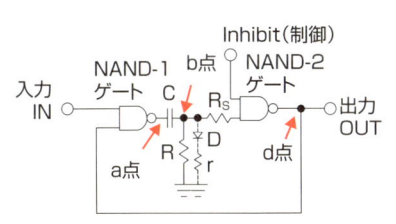

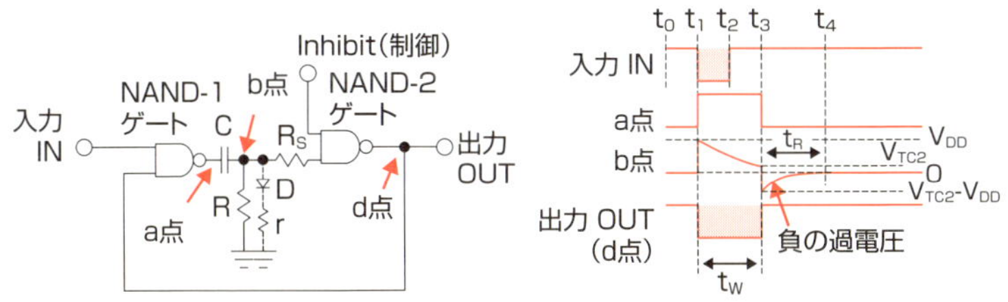

(a) 負パルス発生NANDゲートによる回路

(b) 動作波形(タイミングチャート)

図2　単安定マルチバイブレータの所望するパルス幅 t_W

単安定型マルチバイブレータの所望するパルス幅　$t_W = -CR \times \ln \dfrac{V_{TC2}}{V_{DD}}$

回路しきい電圧が $V_{TC2} = \dfrac{V_{DD}}{2}$ の場合　$t_W = 0.69CR$

図3　正パルス発生NORゲートによる単安定マルチバイブレータ

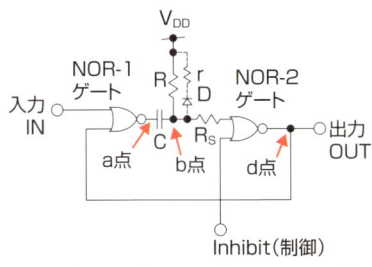

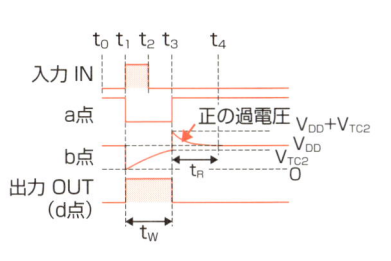

(a) 正パルス発生NORゲートによる回路

(b) 動作波形(タイミングチャート)

図4　シュミットトリガーによる単安定マルチバイブレータ

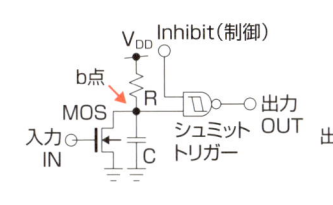

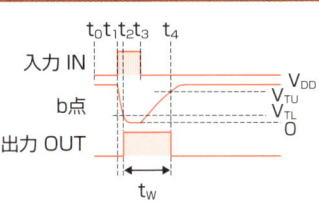

(a) シュミットトリガーによる回路

(b) 動作波形(タイミングチャート)

用語解説

トリガーパルス(Trigger Pulse)：トリガーは引き金の意味で、回路やシステムなどを動作させる開始の信号を"トリガーパルス"と呼びます。
ヒステリシス(Hysteresis)特性：入力と出力の関係において、入力レベルを増加しながらの出力レベルと、入力レベルを減少しながらの出力レベルとが異なるような特性をさします。→ 55項参照
インヒビット(Inhibit)：66項参照。

●第8章 他の種々なるデジタル回路（特殊なデジタル回路）

58 異なる電圧レベル信号を変えるには？

レベル変換回路

電圧の異なる回路の接続では、データ信号の電圧レベルの変換が必要です。例えば、+10V系のデータを+5V系の回路へ供給する場合（インターフェイス・1）、また、+5V系のデータを+10V系の回路へ供給する場合（インターフェイス・2）などがあります（図1参照）。

一般に、集積回路（Integrated Circuit :IC）の入力には静電気保護用ダイオードがプラス電源・入力間と入力・接地間に挿入されていますので、プラス電源への保護ダイオードがないバッファー（トレラント機能付）等を高電圧（+10V系）から低電圧（+5V系）への信号のレベル変換に用います（図2参照）。

また、低電圧（+5V系）から高電圧（+10V系）への信号レベル変換用の汎用ロジックはなく、個別素子か、IC化して実現します。今、P基板Nウェル型CMOS-ICですと、PMOSの基板が分離しているために低電圧インバータはCMOS型になります（図3（a）参照）。この回路において、入力V_{IN}（a点）に+5Vが印加されるとN_1、N_4がオンし、P_1がオフ、b点がOVになり、N_2がオフし、N_4がオンなので、d点がOVになり、P_2がオンし、c点が+10Vになり、P_4がオフして出力がOVになります。これに対して、入力V_{IN}（a点）がOVになりますとN_1、N_4がオフし、P_1がオンしてb点が+5Vになり、N_2がオンしてc点はOVになり、P_4がオンしてd点は+10V（出力が+10V）になり、P_2がオフします。ここで、この回路は変形たすき掛けフリップフロップになっていますので、電源V_{DD}から接地への電流が低減します。

一方、N基板を用いたPウェル型CMOS-ICですと、PMOSの基板が高電位に固定のために低電圧インバータは抵抗負荷型になります（図3（b）参照）。

このように、低電圧（+5V系）から高電圧（+10V系）へのデータ信号のレベル変換は、用いるCMOSの素子構造によって回路の一部が異なってきます。

要点BOX
●高電圧から低電圧へ、また、低電圧から高電圧へのレベル変換には、トレラント機能付バッファーや変形フリップフロップなどを用いる。

図1　2系統の電源電圧をもつ回路例

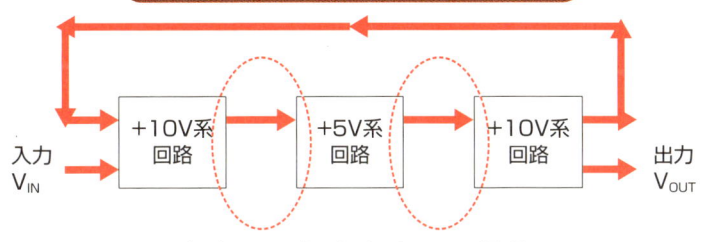

入力 V_{IN} → +10V系回路 → +5V系回路 → +10V系回路 → 出力 V_{OUT}

インターフェイス-1　インターフェイス-2

図2　バッファーによる高電圧から低電圧へのレベル変換回路（インターフェイス-1の例）

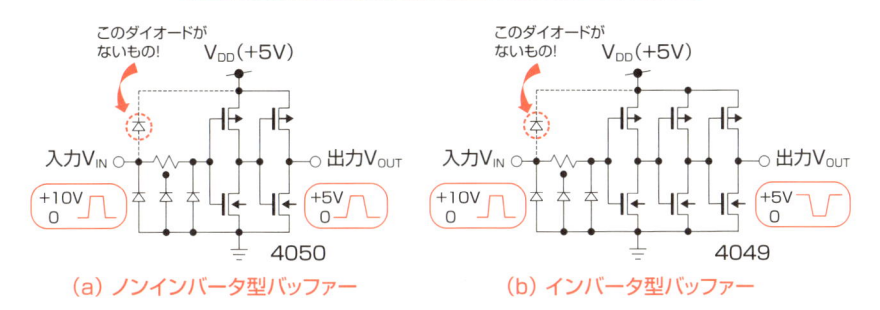

(a) ノンインバータ型バッファー　4050

(b) インバータ型バッファー　4049

このダイオードがないもの！
入力 V_{IN}、$V_{DD}(+5V)$、出力 V_{OUT}
+10V / 0 → +5V / 0

図3　変形たすき掛けフリップフロップによる低電圧から高電圧へのレベル変換回路（インターフェイス-2の例）

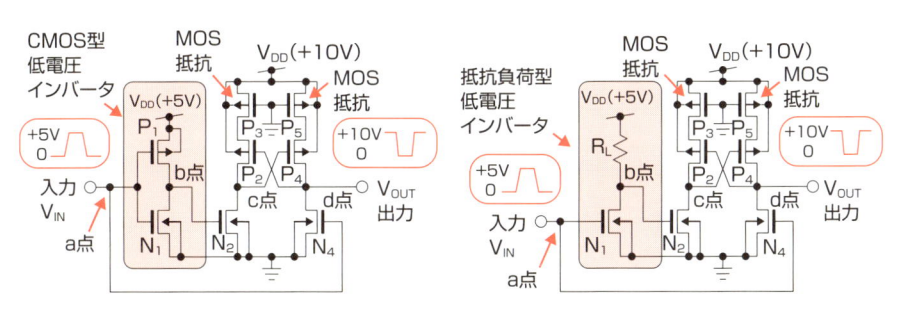

(a) P基板Nウェル型レベル変換回路

CMOS型低電圧インバータ、MOS抵抗、$V_{DD}(+5V)$、$V_{DD}(+10V)$、MOS抵抗
P_1、P_3、P_5、P_2、P_4、N_1、N_2、N_3、N_4
a点、b点、c点、d点
入力 V_{IN}、出力 V_{OUT}
+5V / 0 → +10V / 0

(b) N基板Pウェル型レベル変換回路

抵抗負荷型低電圧インバータ、MOS抵抗、$V_{DD}(+5V)$、$V_{DD}(+10V)$、MOS抵抗
R_L、P_3、P_5、P_2、P_4、N_1、N_2、N_3、N_4
a点、b点、c点、d点
入力 V_{IN}、出力 V_{OUT}
+5V / 0 → +10V / 0

用語解説

バッファー（Buffer）：もともとは物理的な衝撃を吸収して和らげる緩衝器の意味で、緩衝増幅器をさします。緩衝増幅器は、電流（波形）の増幅、電圧（波形）の増幅や整形、出力インピーダンス変換などのために用いられます。

P基板NウェルCMOS-IC、N基板PウェルCMOS-IC：コラム-7参照。

トレラント機能：電源電圧より高い入力電圧の信号を入力しても過大電流が流れない機能を"トレラント機能"と呼びます。

●第8章　他の種々なるデジタル回路（特殊なデジタル回路）

59 低い電圧を高い電圧に上げることはできるの？

チャージポンプ回路

低い電圧を高い電圧へ上げるためにチャージポンプ回路（昇圧回路）を用います。例えば、用いる電池の電圧が+1.5V、回路の電源電圧が+5Vの場合の昇圧回路は、切り替えスイッチ素子のダイオードD_1～D_4、キックして電圧を高めるキックコンデンサC_{K1}～C_{K3}、および、昇圧した電圧を蓄えて保持する負荷コンデンサC_Lから構成されます（図1参照）。

今、①クロックパルス（昇圧回路ではキックパルスと呼称、以下、キックパルス）$\phi=0$、$\overline{\phi}=V_{DD}$（電源電圧：+1.5V）になると、ダイオードD_1を介してコンデンサC_{K1}にV_{DD}が充電され、a点がV_{DD}になります。②次の$\phi=V_{DD}$、$\overline{\phi}=0$でC_{K1}をキックしてa点が$2V_{DD}$に、同時にD_2を介してb点が$2V_{DD}$になります。同様に、③$\phi=0$、$\overline{\phi}=V_{DD}$で、C_{K2}をキックしてb点が$3V_{DD}$に、同時にD_3を介してc点が$3V_{DD}$になり、a点はV_{DD}に戻ります。④次の$\phi=V_{DD}$、$\overline{\phi}=0$でC_{K3}をキックしてc点が$4V_{DD}$に、同時にD_4を介してd点（出力）が

$4V_{DD}$になり、a点、b点は$2V_{DD}$になります。ここで、③$\phi=0$の時（C_{K3}がキックされていない時）、D_4はオフして出力の$4V_{DD}$を負荷コンデンサC_Lで保つことになります。この例では、$V_{DD}=+1.5V$、理想の昇圧電圧Vは$4V_{DD}=+6V$になります。

このように、キックパルス（ϕ、$\overline{\phi}$）によって各点を交互に昇圧し、その電位がスイッチ素子（D_1～D_4）を介して出力のC_Lに蓄えられてキックパルスの昇圧電圧になります。

ここで、出力電圧はスイッチ素子の損失電圧、電流取り出しによる損失電圧等があり、その損失電圧を差し引いた電圧になります（図2参照）。また、一般にスイッチ素子はダイオードか、MOSトランジスタで構成します。なお、マイナス電圧発生も同様な回路で構成できますが、スイッチ素子の配置などが異なります（図3参照）。

また、高電圧（+6V）から低電圧（+3V）を得る回路は"降圧回路"と呼ばれ、差動アンプ等で構成します。

要点BOX
●低電圧を高電圧へ上げるのが"チャージポンプ回路（昇圧回路）"で、スイッチ素子の配置を変えればプラス電圧、マイナス電圧発生が可能。

図1 プラス電圧発生回路

$V_O = (n+1)V_{DD} - (n+1)V_F - (n+1)\dfrac{I_O}{f+C_K}$

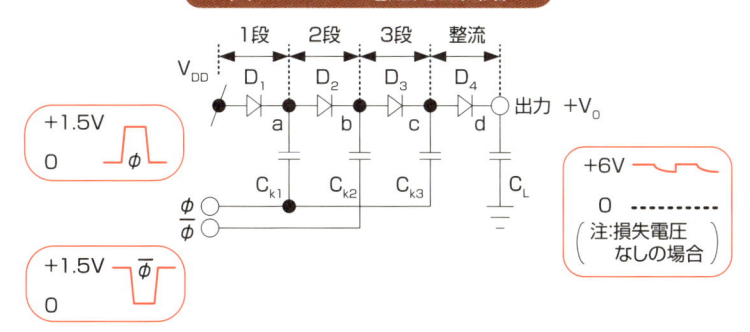

図2 電圧発生回路の出力電圧式

プラス電圧発生回路の出力電圧
(n=3段で理想出力電圧、$V_O=+6V$)

$V_O = (n+1)V_{DD} - (n+1)V_F - (n+1)\dfrac{I_O}{f+C_K}$

（n段による昇圧電圧）（素子の損失電圧）（出力電流による損失）

V_{DD}：電源電圧
V_F：スイッチ素子の電圧損失
I_O：出力電流
n：キック段数
f：キックパルス周波数
C_K：キックコンデンサ

マイナス電圧発生回路の出力電圧
(n=4段で理想出力電圧、$V_O=-6V$)

$V_O = -nV_{DD} + (n+1)V_F + (n+1)\dfrac{I_O}{f+C_K}$

（n段による昇圧電圧）（素子の損失電圧）（出力電流による損失）

図3 マイナス電圧発生回路

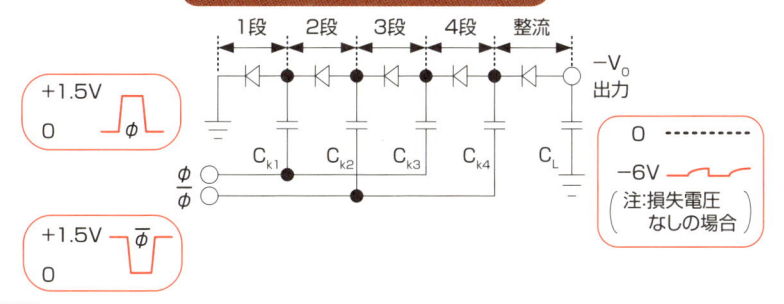

用語解説

チャージポンプ（Charge Pumping Circuit）：チャージポンプは電荷を汲み出す意味で、プラス電圧発生回路は不揮発性メモリ（E^2P-ROM）のデータ書き込み等のために用いられます。また、マイナス電圧発生回路は、N-MOS-LSIの高速化のための基板バイアス変調電圧や時計の駆動電圧などに用いられます。

キック（Kick）：キックは蹴る意味で、コンデンサの下から電荷を蹴飛ばして電圧を高めることからきています。

60 マイコン・バスラインにデータを載せるには？

トライステート®回路

マイコンは、データ処理するために演算処理、データのメモリ書き込み／読み出しなどブロック回路や周辺装置へのデータのやり取りを行ないます。そのやり取りにバスライン（ワイアード結線）が用いられ、このバスライン上にはたくさんのブロック回路や周辺装置などが結線されます（図1参照）。

一般に、CMOSインバータをワイアード結線しますと（図2参照）、例えば、ゲート-1とゲート-2との間に直流電流が流れ、バスライン上のデータが信号としてみなされなくなります。このために使用していない回路のゲート出力を高インピーダンスにします。このゲートにトライステート®（三値出力回路）が用いられます。

具体例としては、NAND、NORゲートを用いた回路があります（図3(a)参照）。例えば、ディセーブル信号（Disable : DIS）がDIS₁=0ですと、NAND、NORゲートが導通し、出力MOSトランジスタ(P&N)

を介してデータをバスライン上に出力します。一方、ディセーブルがDIS₁=1ですと、NAND、NORゲートが非導通になり、出力MOSトランジスタ(P&N)がともにオフし、ゲート出力は高インピーダンス状態になり、バスラインからブロック回路や周辺装置などを切り離しします。

このNAND、NORゲートによるトライステート®は、出力MOSトランジスタ(P-MOST & N-MOST)のオン／オフでバスラインとのインターフェイスを行ないますので個別素子のMOSTが必要になります。また、伝送ゲート、クロックドCMOSインバータ（図3(c)(d)参照）、あるいは、MOSTの組み合せ回路などでも実現できます（図4参照）。

このように、トライステート®はマイコンのデータ処理におけるバスライン上でのデータ有無を決める重要なゲート回路です。

要点BOX
●トライステート®は、マイコンのバスライン上でのデータやり取りのゲートで、1／0レベルの他に高インピーダンス状態をもつ回路。

図1 マイクロコンピュータなどに用いられるトライステート®

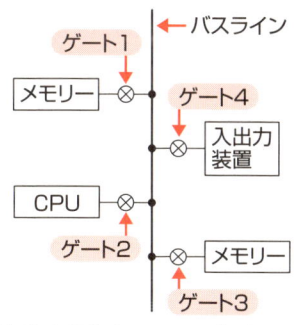

（注）ゲート部分がトライステート®です。

図2 CMOSインバータのワイアード結線

図3 トライステート®（三値出力回路）

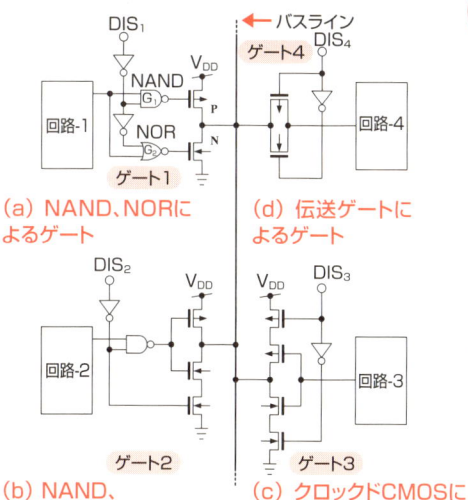

(a) NAND、NORによるゲート
(b) NAND、インバータによるゲート
(c) クロックドCMOSによるゲート
(d) 伝送ゲートによるゲート

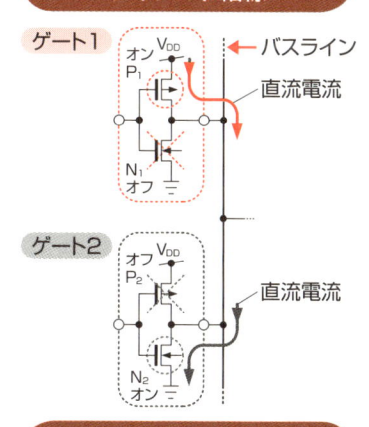

図4 集積回路化したトライステート®一例

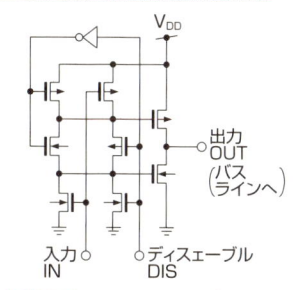

(a) 集積回路トライステート®の一例

入力 IN	ディセーブル DIS	出力 OUT
0	0	0
1	0	1
*	1	z

（注）*：任意値、z：高インピーダンス

(b) トライステート®の真理値表

用語解説

バスライン（Bus Line）：母線を意味し、複数個のブロック回路や装置からの並列情報データを、複数個の宛先ブロックに転送するための共通の信号線をさします。

ワイアード（Wired OR）：バイポーラデジタル素子TTLロジック等において、二つ以上の出力を共通に結線して論理和（OR機能）回路を形成することをさしますが、CMOS回路では、二つ以上の出力を共通に結線しますと直流電流が流れ、N-MOS、P-MOSトランジスタが同じようなインピーダンスになっていますので1／0レベル判定ができなくなり、ワイアード結線ができません。

トライステート®（Tri State®）：米国NS社の商品名（登録商標）で、1／0レベルの他に高インピーダンス（z）の3値状態をもつ回路をさします。

ディセーブル（Disable）：「無効な」「無効にする」などの意味ですが、コンピュータ機能などが「無効である」「無効にする」ことなどを意味します。ここでは、ディセーブル（DIS）信号がDIS=1ですと、トライステートの出力が高インピーダンスになること、つまり、回路ゲートが閉じていることを意味します。この反対語は「イネーブル（Enable）」です。

Column 8

特性解析に必要な素子パラメータ(素子パラメータ)

デジタル回路の中のアナログ系回路は、回路の動作特性を解析するのにシミュレータ(SPICE®)を用いますが、それには半導体素子の幾何学的&物理的パラメータをコンピュータへ入力することが必要になります。

前者の幾何学的パラメータは、MOSトランジスタ(MOST)のゲートチャネル長(l)/チャネル幅(w)/ドレイン・ソース領域の底面積(ad/as)/周囲長(pd/ps)等からなります。また、後者の物理的パラメータは素子が導通するしきい電圧(vto)、ゲートの酸化膜厚(tox)、電流の担い手であるキャリア移動度(uo)、ドレイン・ソース領域の拡散の深さ(xj)、拡散の横の広がり(ld)、基板濃度(psub/nsub)、伝達コンダクタンス(kn/kp)、チャネル長変調係数(lambda)などです(図1参照)。

これらの素子パラメータは、素子構造に依存しますので半導体メーカから提供されますが、ここでは、本書で用いたトランジスタ(CMOS汎用ロジック:MOS素子4007)のパラメータを記載します(表1参照)。

図1 N-MOS素子の基本的な模式構造 & 主な素子パラメータ

表1 回路動作特性解析素子パラメーター例(CMOS汎用ロジック:MOS素子4007)

			N-MOS	P-MOS	単位
幾何学的パラメータ	チャネル長	l	5.5	6	μm
	チャネル幅	w	402.8	1050	μm
	ドレイン底面積	ad	7358	9696	μm^2
	ソース底面積	as	8500	9696	μm^2
	ドレイン周囲長	pd	668	898	μm
	ソース周囲長	ps	828	848	μm
物理的パラメータ	しきい電圧	vto	1.43	−1.3	V
	ゲート酸化膜の厚さ	tox	1300	1300	Å
	キャリア移動度	uo	390	145	cm^2/Vs
	ドレイン・ソース拡散の深さ	xj	2	2	μm
	ドレイン・ソース拡散の横広がり	ld	1.4	1.4	μm
	基板濃度	psub/nsub	$1.5 \times 10^{+16}$	$1.1 \times 10^{+15}$	cm^{-3}
	伝達コンダクタンス	kn/kp	6.68×10^{-6}	3.08×10^{-6}	A/V^2
	チャネル長変調係数	lambda	0.01	0.063	1/V

(出典) 鈴木八十二著、"集積回路シミュレーション工学入門"、p.21、日刊工業新聞社、2005-4-28

終章

パソコンによる回路作成
（Verilog HDL®、SPICE®）

61 パソコンによる回路作成ってなあーに？

Verilog HDL®、SPICE®

アナログ回路もデジタル回路も昔は、人が回路を考え、その動作確認を行なってきました。また、それらの回路を集積回路化（ICの原版となるパターンレイアウトなど）するのに人の手で行なってきました（図1参照）。しかし、回路作成、回路の動作確認、集積回路化のための設計などは、人の手によって行ないますと膨大な時間と費用がかかります。この解決策として、コンピュータが導入されました。例えば、回路の動作確認にはブレッドボード（モックアップ）による手法からHDL®（Hard Description Language）やSPICE®（Simulation Program with Integrated Circuit Emphasis：シノプシス社の登録商標）シミュレータへ変わってきたのです。

ここで、デジタル回路では、HDLと呼ばれるデジタル系電子回路の回路機能（動作）を検証するためのシミュレータを用います。このシミュレータは、Verilog HDL®、VHDL、UDL/I、SFLなど多くありますが、

Verilog HDL®とVHDLが主に用いられています。このHDLは、ハードウェア記述のためのC言語に似た文法体系で、デジタル回路の結線記述を行ない、シミュレーションのための入出力条件を入力して回路機能（動作）をシミュレーション（疑似実験）します（図2参照）。

一方、アナログ回路では、SPICE®と呼ばれるアナログ系電子回路の動作特性解析用シミュレータを用います。このシミュレータは、1973年カリフォルニア（California）大学・バークレイ（Berkeley）校によって開発されたツールで、扱える素子は抵抗、コンデンサ、コイル、伝送ラインなどの受動素子やダイオード、バイポーラトランジスタ、MOSトランジスタなどの能動素子です。また、独立電圧（電流）源、制御電圧（電流）源、および、制御スイッチ等からなります（図3参照）。

要点BOX
●回路の特性把握のために、デジタル回路はHDLシミュレータを、アナログ回路はSPICE®シミュレータを用いる。

図1 人の手による集積回路設計のチェック一例

図2 Verilog HDL®で扱える素子と回路の機能シミュレーション一例

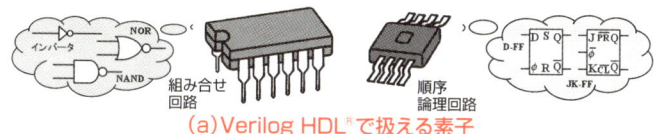

(a) Verilog HDL®で扱える素子

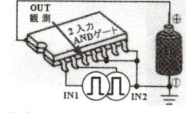

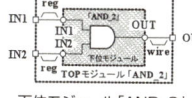

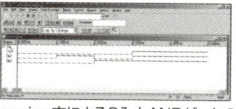

- インバータ
- NOR
- NAND
- 組み合せ回路
- 順序論理回路
- D-FF
- JK-FF

2入力ANDゲートの回線結線　　下位モジュール「AND_2」、TOPモジュール「AND_2」　　assign文による2入力ANDゲートの回路機能検証

(b) Verilog HDL®によって2入力ANDゲートの回路機能シミュレーション一例

図3 SPICE®で扱える素子と回路の動作特性把握シミュレーション一例

抵抗　コンデンサ　コイル　　ダイオード　トランジスタ　　独立、制御電源

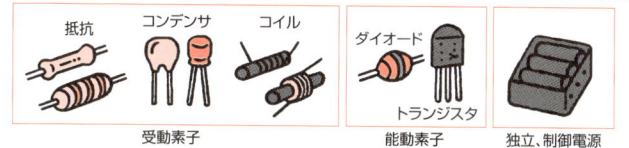

受動素子　　能動素子　　独立、制御電源

(a) SPICE®で扱える素子、電源など

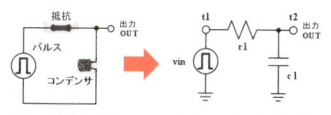

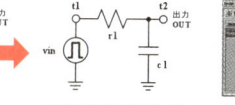

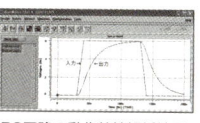

RC回路(積分回路)　→　SPICE記述のRC回路　　RC回路の動作特性解析結果

(b) SPICE®によってRC回路の動作特性を解析した一例

用語解説

ブレッドボード(Breadboard)：電子回路の試作・実験用の基板をさします。また、モックアップ(Mock-up：実物とほぼ同様に似せて作られた模型)とも呼ばれます。

Verilog HDL®：C言語に似た文法体系で1995年、米国標準IEEE1364として標準化され、ASIC(特定用途向けIC)開発のために業界標準になったシミュレータ。なお、Verilog HDL®はCadence Design Systems社の登録商標。

VHDL(Very High Speed IC)：米国国防省を中心に、標準化(IEEE1076)された回路機能シミュレータ。

UDL/I(Unified Design Language for IC)：日本電子工業振興協会(電子協)の標準化委員会で採択された純国産の標準回路機能シミュレータ。

SFL：NTTが独自に開発した論理シミュレータ。

62 NANDゲートをVerilog HDL®で検証すると

NANDゲートの検証

デジタル回路が多くなりますと、その機能検証は大変です。この機能確認をVerilog HDL®でNANDゲート（図1参照）を一例にみてみましょう。

回路を記述する基本構造が"モジュール"です。モジュールは、下位、上位、TOPモジュール（シミュレーション・モジュールとも呼称）からなります（図2参照）。下位モジュールは最小単位の回路からなり、これをいくつか組み合せて一つの回路（システム）にして上位モジュールを作ります。この出来上がった一つの回路に入力や出力等の条件設定を行ない、シミュレーションを実行するTOPモジュールを作成します。なお、各モジュールは、「スタートを宣言するmodule」、「終わりを宣言するendmodule」を必ず記入します。

下位モジュール-1：プログラムには無関係ですが、わかりやすくするためにAND_2の名をつけ、ANDゲートを作成します。また、input、output宣言を行ない、assign文によって回路の構造記述を行ないます。

下位モジュール-2：ANDゲートの出力に接続するインバータをINV_3で記述します。また、input、output宣言を行ない、assign文によって回路の構造記述を行ないます。ここで、~（ティルダ）はNOTを意味します。

上位モジュール：前述した下位モジュールのゲートをNAND_2と名をつけ、regによってinput宣言、wireによってoutput宣言を行ないます。ここで、wireで二つの下位モジュールを節点t1で接続することを宣言（ネット宣言）します。次に、二つの下位モジュールを呼び出し、t1で接続の再宣言を行ないます。

TOPモジュール：シミュレーション時間の最小単位や精度等を定義します。assign文や回路記述のみですのでシミュレーション実行をinitial文やfunction文等によって宣言します（図3参照）。このようなプログラム作成によってNANDゲートの機能が検証されます（図4参照）。

要点BOX
●回路を記述する基本構造の"モジュール"は、下位モジュール、上位モジュール、TOPモジュール（シミュレーション・モジュール）からなる。

図1　Verilog HDL®で記述したNAND

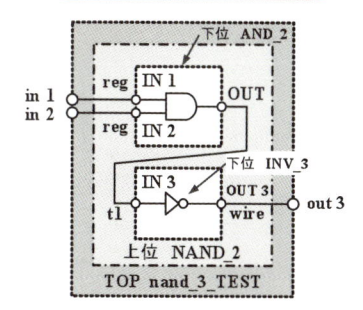

```
           下位 AND_2
  in 1  reg  IN 1        OUT
  in 2  reg  IN 2

           下位 INV_3
            IN 3      OUT 3
       t1              wire   out 3
         上位 NAND_2
       TOP nand_3_TEST
```

図2　Verilog HDL®のプログラム基本構造

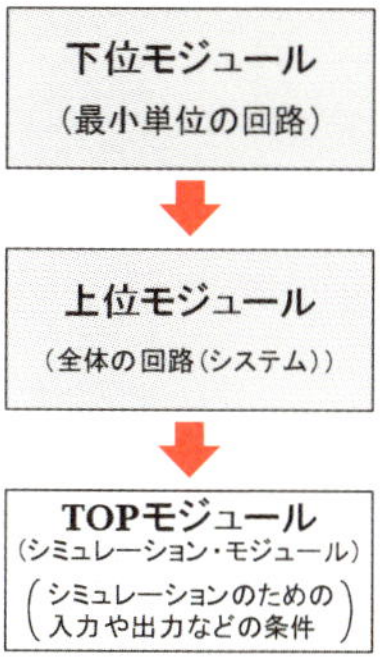

下位モジュール
（最小単位の回路）

↓

上位モジュール
（全体の回路（システム））

↓

TOPモジュール
（シミュレーション・モジュール）
（シミュレーションのための入力や出力などの条件）

図3　Verilog HDL®によるNANDゲートの機能検証記述例

```
// 下位モジュール
/* AND_2 */
module AND_2(IN1,IN2,OUT);
input IN1,IN2;
output OUT;
assign OUT=IN1&IN2;
endmodule
```
// は、下位モジュールの名（タイトル）
/*----- */ は、AND_2の名称、プログラムに無関係
AND_2というモジュール宣言（名）、（ ）内は入出力
入力を宣言、IN1、IN2が入力であることを記述。
出力を宣言、OUTが出力であることを記述。
assignは回路の構造記述、&はANDを表わします。
endmodule は、下位モジュールの終了を表わします。

```
// 下位モジュール
/* INV_3 */
module INV_3(IN3,OUT3);
input IN3;
output OUT3;
assign OUT3=~IN3;
endmodule
```
// は、下位モジュールの名（タイトル）
/*----- */ は、INV_3の名称、プログラムに無関係
INV_3というモジュール宣言（名）、（ ）内は入出力
入力を宣言、IN3が入力であることを記述。
出力を宣言、OUT3が出力であることを記述。
assignは回路の構造記述、~（ティルダ）はNOTです。
endmodule は、下位モジュールの終了を表わします。

```
// 上位モジュール
/* NAND_2 */
module NAND_2(in1,in2,out3);
input in1,in2;
output out3;
wire t1;

AND_2 and_2(in1,in2,t1);
INV_3 inv_3(t1,out3);

endmodule
```
// は、上位モジュールの名（タイトル）
/*----- */ は、NAND_2の名称、プログラムに無関係
NAND_2というモジュール宣言（名）、（ ）内は入出力
入力を宣言、in1、in2が入力であることを記述。
出力を宣言、out3が出力であることを記述。
wireはネット宣言、AND_2のOUTとINV_3のIN3がt1を介して接続することを意味します。
下位のAND_2を呼び出し、新たにand_2を定義、
下位のINV_3を呼び出し、新たにinv_3を定義、
なお、（ ）内はt1を介しての入出力を記述。
endmodule は、上位モジュールの終了を表わします。

```
// TOP モジュール
`timescale 1ns/1ns
module nand_3_TEST;

reg in1,in2;
wire out3;
NAND_2 nand_3(in1,in2,out3);

initial begin
in1=0;in2=0;
#100 in1=1;
#100 in1=0;
#100 in1=1;in2=1;
#100 in1=0;
#100 in1=1;in2=0;
#100 in1=0;
#200 $finish;
end
endmodule
```
// は、TOPモジュールの名（タイトル）
`timescale は時間の最小単位を1nsに設定、x/yのxは実行時間、yは精度を表わします。
nand_3_TESTというTOPモジュールの宣言（名）。
入力をreg宣言、in1、in2が入力であることを記述。
出力をwire宣言、out3が出力であることを記述。
上位モジュールNAND_2を呼び出し、新たにnand_3を宣言（インスタンス名）、（ ）内は入出力。

initial文、beginからendまでの条件で1回シミュレーション実行。ここでは、入力in1、in2を
（0, 0）で100ns、
（1, 0）で100ns、
（0, 0）で100ns、
（1, 1）で100ns、
（0, 1）で100ns、
（1, 0）で100ns、
（0, 0）で200ns
の順で変化させます。
endmodule は、TOPモジュールの終了を表わします。

図4　2入力NANDゲートの機能検証結果一例

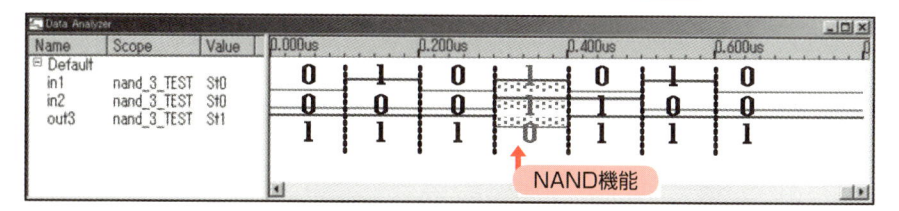

Name	Scope	Value	0.000us	0.200us	0.400us	0.600us
Default						
in1	nand_3_TEST	St0	0 1 0 1 0 1 0
in2	nand_3_TEST	St0	0 0 0 1 1 0 0
out3	nand_3_TEST	St1	1 1 1 0 1 1 1

↑ NAND機能

用語解説

モジュール（Module）：モジュールは機能単位、交換可能な構成部分という意味で、システムの一部を構成する一まとまりの機能部品で、システムや他の部品への接合（インターフェース）部が規格化、標準化されていて容易に追加や交換ができるようなものをさします。ここでは、論理回路を記述する基本構造のことで、「スタートを表わすmodule」と「終了を表わすendmodule」で囲まれた中に検証用の記述を行ないます。

ティルダ（Tilde）：チルダ、ティルデとも呼ばれ、上付き波線記号「~」のことです。コンピュータ上では単体の記号として用いられます。もとは文字の上部に付加する記号ですが、フォントによっては中央の高さになっているものもあります。ここでは、否定（インバータ／NOT）論理を意味します。

インスタンス（Instance）：インスタンスとは、呼び出したモジュールにつける名前のことです。

●終章　パソコンによる回路作成（Verilog HDL®、SPICE®）

63 D-FFをVerilog HDL®で検証すると

D-FFの検証

D-FFは、データをある一定時間遅延させる回路で、データの保管、シフト、あるいは、カウンタ等に広く利用されています。この D-FF の遅延機能を Verilog HDL® で検証してみましょう（図1参照）。

下位モジュール–1 : D-FFは遅延機能をもつために時間の最小単位（timescale 1ns/1ns）を定義します。次に、スタート宣言のモジュール名（D_FF）を宣言し、名前の後の（ ）内に入出力名を記述します。再度、入出力名を定義し、出力データを保持（記憶）するreg宣言を行ないます。また、出力Qの反転Q̄をassign文で定義します。ここで、D-FFは順序論理回路で、立ち上り（posedge）、立ち下り（negedge）動作がありますのでalways文を用いて動作を定義し、クロックパルスに対して出力データの遅れ時間を1000+130ユニットを定義します。この遅れ時間は、ユニットで表示しますが、最小時間を1ns、クロック周波数を1MHzとしますので1ユニット=1nsになり

ます。この定義で下位モジュールは終了（end module）します。上位モジュール：単体 D-FF を1つのブロックで機能検証するために回路どうしの結線はなく、上位モジュールがありません。TOPモジュール：シミュレーション時間の最小単位や精度等を定義します。次に、TOPモジュールのスタート宣言（module tf）を行ない、regによって入力（d、ck）を宣言し、wireによって出力（q、qb）を宣言します。さらに、1、0レベルのクロックを印加する時間（ここでは、parameter STEP=1000、つまり、1000ns）を設定します。時間の設定後、下位モジュールを呼び出し新たに D_FF のインスタンス名をつけ、（ ）内に接続端子名を指定します。この後、alwaysを用いてクロック印加方法を定義し、initial begin によって初期設定してTOPモジュールを終了します（図2参照）。

このようなプログラム作成によってD-FFの機能が検証されます（図3参照）。

要点BOX
●順序論理回路の機能検証には、回路の動作形態、遅延時間、および、クロックパルスの時間設定等を行ない、シミュレーションする。

150

図1 D型フリップフロップ (D-FF)

入力 D ― D Q ― 出力
クロック CK ― φ Q̄ ― 反転出力

(a) 立ち上りエッジ動作型D-FF

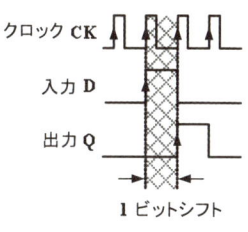

クロック CK
入力 D
出力 Q

1ビットシフト

(b) 動作波形図 (タイミングチャート)

図2 Verilog HDL®によるD-FFの機能検証記述例

```
//下位モジュール
`timescale 1ns/1ns
module D_FF (D,CK,Q,QB);

input    D,CK;
output  Q,QB;
reg      Q;

assign QB=~Q;
always@(posedge CK)
       Q<= #1130 D;

endmodule
```

//は、下位モジュールの名(タイトル)
時間の最小単位を1nsに設定します。

モジュール宣言 (D_FF)。
( )内は、入出力を表わします。

D、CKは、入力を表わします(reg宣言)。
Q、QBは、出力を表わします(wire宣言)。
regは、出力を保持(記憶)を意味します。

QBには、Qの否定を代入します。
順序論理回路には、always文を使用し、
posedgeは、立ち上り動作を表わします。
CKの立ち上りで1130ユニット遅れて出力。
(注:#1000ユニットは、1ビット遅延分です。)

モジュールの終了を表わします。

```
//TOPモジュール
`timescale 1ns/1ns
module ff;
reg      d,ck;
wire    q,qb;
parameter    STEP=1000;

D_FF D_FF (d,ck,q,qb);

always #(STEP/2)ck=~ck;
initial begin
                    ck=0; d=0;
#(1.5*STEP-200)     d=1;
#(2*STEP)           d=0;
#STEP               d=1;
#(STEP/2) $finish;
end
endmodule
```

//は、TOPモジュールの名(タイトル)
時間の最小単位を1nsに設定します。

モジュール宣言 (ff)。
d、ckをregによって入力レジスタ宣言します。
q、qbをwireによって出力ネット宣言します。

ある入力レベルの印加時間を設定します。
ここでは、1/0レベルを1000ステップ、つまり、
1/0レベルを1000ns(1MHz)印加します。

下位モジュール(D_FF)を呼び出し、
インスタンス名(D_FF)をつけて定義します。
( )内に接続端子名を指定します。

always の (STEP/2)は、1000ステップの半分、
つまり、クロックを500ns印加し、反転クロックを
500ns印加する意味です。

initial beginで初期値を設定します。
1300ステップで入力dに1レベルを印加し、
2000ステップで入力dに0レベルを印加します。
続いて、1000ステップで入力dに1レベルを
印加し、500ステップで終了します。

モジュールの終了を表わします。

図3 D型フリップフロップ(D-FF)の機能検証結果一例

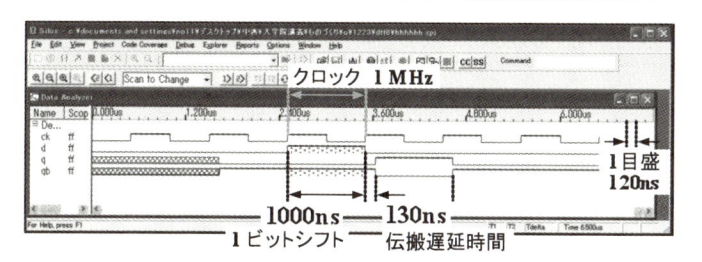

クロック 1MHz
1000ns 130ns
1ビットシフト 伝搬遅延時間
1目盛 120ns

用語解説

レジスタ(reg)宣言:入力配線の設定に用いますが、順序論理回路では、データ保持を意味し、また、出力配線の設定に用います。
ネット(wire)宣言:出力配線の設定に用います。
assign文:組み合せ論理回路の構造記述のみで、シミュレーションの実行には、initial文か、function文が必要になります。→ assign OUT=IN1 & IN2 (2入力ANDゲート記述の一例)。
always文:順序論理回路の構造記述に用います。
initial文:組み合せ、順序両論理回路のシミュレーション記述に用います。
function文:組み合せ、順序両論理回路の複雑な回路の構造記述に用い、if文、case文が伴います。

64 バイナリカウンタをVerilog HDL®で検証すると

2進カウンタの検証

D-FFの代表的応用は、「バイナリカウンタ(2進カウンタ)」ですので、この機能検証をVerilog HDL®で試みてみましょう(図1参照)。

下位モジュール：はじめに時間の最小単位と精度等を定義し、モジュール名(D_FF)を宣言して( )内に入出力名を定義します。再度、D、CK、RES、SETの入出力宣言を記述します。Q、QBの出力宣言を行ない、出力保持(記憶)のreg宣言を行ないます。また、出力Qの反転Qをassign文で定義します。ここで、CK、RES、SETの立ち上り(posedge)、立ち下り(negedge)動作について、always文を用いて動作を定義します。また、リセットRES=1ならば110ユニット遅れて出力Q=0、セットSET=1ならば110ユニット遅れて出力Q=1に設定します。それ以外は、130ユニット遅れて入力Dが出力Qに出力されます。これで、下位モジュールが終了(end module)します。

上位モジュール：はじめにモジュール宣言(module dff)を行ない、( )内に入出力名を記述して入出力宣言を行ない、wire宣言によって出力Qがt1に結線されていることを記述します。次に、下位モジュール(D_FF)を呼び出し、インスタンス名GOをつけますと、GOの入出力名が下位モジュールの入出力名に対応し、反転出力Qがt1を介して入力Qに帰還接続されます。これで上位モジュールが終了します。

TOPモジュール：時間設定とモジュール宣言を行ない、regにより入力を宣言し、wireによって出力を宣言します。次に、入力の印加時間設定を行ない、上位モジュール(dff)を呼び出してインスタンス名(dff)をつけます。この後、alwaysによってクロック印加方法を定義し、initial beginで初期値の設定を行ないます。これでTOPモジュールが終了します(図2参照)。

このようなプログラム作成によってバイナリカウンタの機能が検証されます(図3参照)。

要点BOX
- バイナリカウンタのVerilog HDL®機能検証は反転出力qがt1を介して入力dに帰還接続した回路をシミュレーションする。

図1 D型フリップフロップを用いたバイナリカウンタ

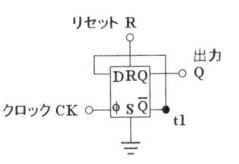

(a) D-FF を用いたバイナリカウンタ

(b) D-FFによるバイナリカウンタの動作波形

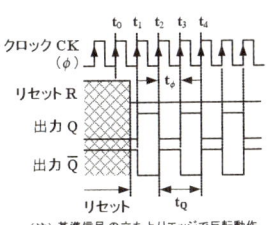

(注)基準信号の立ち上りエッジで反転動作。
→ 立ち上りエッジ動作フリップフロップ

入出力関係: $f_Q = \dfrac{1}{2} f_\phi$, $t_Q = 2 t_\phi$

図2 Verilog HDL® によるバイナリカウンタの機能検証記述例

```
//下位モジュール
`timescale 1ns/1ns
module D_FF (D,CK,Q,QB,RES,SET);
input D,CK,RES,SET;
output Q,QB;
reg    Q;

assign QB=~Q;
always@(posedge CK or posedge RES
or posedge SET)
    begin
    if(RES==1)
         Q<= #110 0;
    else if(SET==1)
         Q<= #110 1;
    else
         Q<= #130 D;
    end
endmodule
```

// //は下位モジュールの名(タイトル)
時間の最小単位を1nsに設定します。

モジュール D_FF 宣言。( )内は、入出力。
D、CK、RES、SET が入力であることを記述。
Q、QB が出力であることを記述。
reg は、出力を保持(記憶)を意味します。

QBには、Qの否定を代入します。
順序論理回路は、alwaysを使用します。
posedgeは、立ち上り動作を表わします。
( )内の信号が入った時、begin～endまでを実行。

RES=1ならば、110ユニットの遅延時間でQ=0。
SET=1ならば、110ユニットの遅延時間でQ=1。
それ以外では、130ユニットの遅れで、D データが
Q に出力されます。

下位モジュールの終了。

```
//上位モジュール
module dff(ck,q,res,set);
input  ck,res,set;
output q;
wire   t1;
D_FF G0 (t1,ck,q,t1,res,set);

endmodule
```

// //は上位モジュールの名(タイトル)
モジュール dff 宣言。( )内は、入出力。
ck、res、set が入力であることを記述。
q が出力であることを記述。
wire により、t1 が保持(記憶)され、出力に結線。

下位モジュール(D_FF)を呼び出し、
インスタンス名(G0)をつけて 2進カウンタを構成。
( )内に接続端子名を指定、下位モジュール( )に
対応し、反転出力~q が t1 を介して入力 d に帰還。
上位モジュールの終了。

```
//TOPモジュール
`timescale 1ns/1ns

module ff;
reg    CK,RES,SET;
wire   Q;

parameter STEP=1000;

dff dff(CK,Q,RES,SET);

always #(STEP/2)CK=~CK;

initial begin
   CK=0; RES=1; SET=0;
   #STEP   RES=0;
   #(8*STEP) $finish;
   end
endmodule
```

<注>
(8*STEP)は、(STEP*8)に
記述しても同じです。

// //はTOPモジュールの名(タイトル)
時間の最小単位を1nsに設定します。

モジュール ff 宣言。( )内は、入出力。
CK、RES、SET が入力であることを記述(reg宣言)。
Q が出力であることを記述(wire宣言)。
出力が保持(記憶)されることを意味します。

ある入力レベルの印加時間を設定します。
ここでは、1000ステップ、つまり、1000ns(1μs)の
時間、1/0レベルを印加します。

上位モジュール(dff)を呼び出し、インスタンス名(dff)
をつけて定義します。( )内に接続端子名を指定

alwaysの(STEP/2)は、1000ステップの半分、
つまり、クロックを500ns印加し、反転クロックを
500ns印加する意味です。

initial begin で初期値を設定します。
1000ステップ後に、リセットを解除します。
その後、8000ステップでシミュレーションを終了。
initial begin の終了です。

TOPモジュールの終了。

図3 バイナリカウンタ(2進カウンタ)の機能検証結果一例

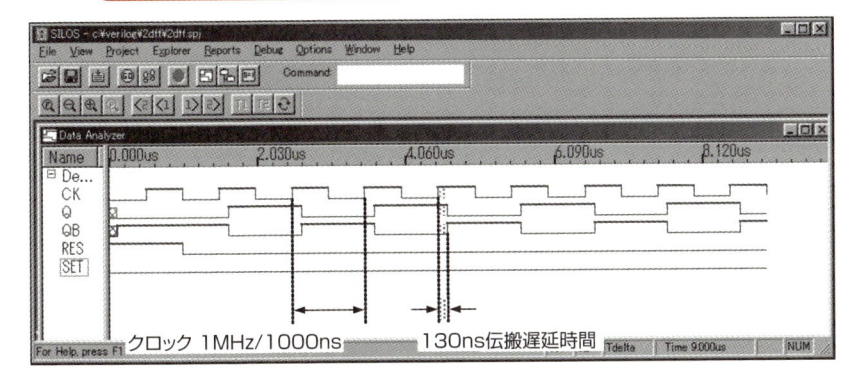

クロック 1MHz/1000ns   130ns伝搬遅延時間

65 RC回路（積分回路）を SPICE®で解析すると

RC回路の解析

デジタル回路の中のアナログ系回路（8章）は、SPICE®シミュレータを用いて回路動作を確認します。例えば、CR発振器（非安定型マルチバイブレータ）やチャタリング防止回路などの動作はSPICE®による確認が行なわれます。ここでは、チャタリング防止回路に用いられるRC回路（積分回路）をみてみましょう。

SPICE®プログラムの基本構成は、タイトル（任意の名前）、コメント（プログラムには無関係ですが、ネットリストの内容）を付けて、ネットリストを作成します（図1参照）。コメント&ネットリストとしては① 回路構成、② 電圧（電流）源等の供給条件、③ 解析するための条件、④ MOSトランジスタ等の素子パラメータなどです。今、ネットリストは回路図（図2(a)参照）をベースにして、タイトル: test CR circuit、アスタリスクマーク*を用いて、①回路（circuit）、②電力供給（power supply）、③制御（control）条件等を定義します。つまり、ネットリスト1、①回路：

抵抗r_1を節点n_1-n_2間に1kΩを挿入、コンデンサc_1を節点n_2-接地間に20pFを接続、ネットリスト2、②電力供給：入力電圧vinとして節点n_1-接地間にパルス（電圧、立上り/立下り時間などを定義、図2(b)参照）を印加、ネットリスト3、③制御条件：過渡解析の制御コマンド（.tran）で1ns毎に200nsまでの時間について解析し、出力表示（ネットリスト4はなし）になっています。このネットリストを.endで終了、ネットリスト4はなし（図3参照）。この解析結果から、C=20 pF、R=1 kΩの条件で、入力パルスに対して、出力応答は約60nsの波形なまりになります。ここで、時定数を長くとれば、チャタリング防止に役立つことがわかります（図4参照）。

このように、簡単なプログラム作成によってRC回路の動作特性が把握できます。

要点BOX
●SPICE®プログラムは、タイトル、コメント、ネットリストからなり、①回路、②電力供給、③制御条件等を定義し、回路の動作を検証する。

図1　SPICE®のプログラム基本構成

(回路構成) *** タイトル
　　　　　　　コメント-1 ***
　　　　　　　ネットリスト-1

(電圧等の供給条件) *** コメント-2 ***
　　　　　　　ネットリスト-2

(解析等の条件) *** コメント-3 ***
　　　　　　　ネットリスト-3

(素子パラメータ等) *** コメント-4 ***
　　　　　　　ネットリスト-4

1行目は題目として認識されます。

* 印はコメントとして扱われ、プログラムに無関係です。

ネットリストには具体的な回路構成、電圧供給、および、解析のための条件などを記載します。ネットリストの順序は任意です。

図2　回路と入力パルスの条件(定義)

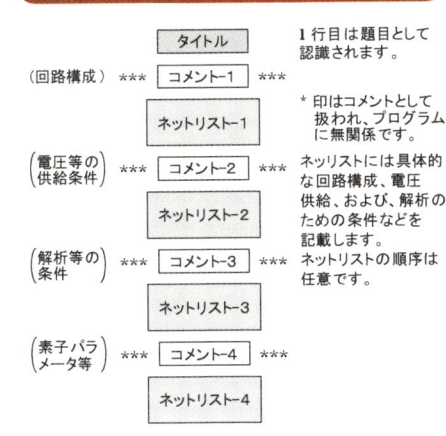

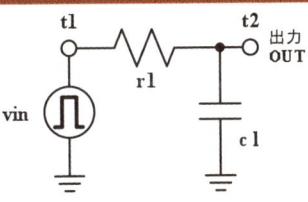

(a) SPICE®記述のRC回路

プログラム順番号：(①②③　④　⑤　⑥　⑦)
Vin t1 0 pulse (0 6 30n 10n 10n 90n 200n)

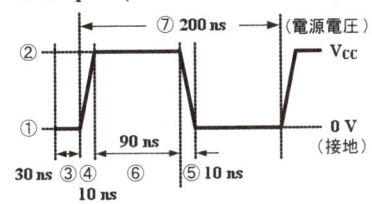

(b) 入力パルスvinの定義

図3　RC回路のSPICE®ネットリスト

```
test CR circuit
*** circuit ***
r1 t1 t2 1k
c1 t2 0 20p

*** Power Supply ***
vin t1 0 pulse(0 6 30n 10n 10n 90n 200n)


*** Control ***
.tran 1n 200n
.options post
.end
```

タイトル(わかりやすい名を付けます。)
*はコメント(プログラムに無関係)
抵抗r1 = 1 kΩをt1−t2間に挿入。
コンデンサc1 = 20 pFをt2−接地間に接続。

*はコメント(プログラムに無関係)
入力電圧vinがt1−接地間に図2(b)のようなパルスで供給。( )内の値は電圧、時間を設定します。

*はコメント(プログラムに無関係)
.tranは過渡解析の制御コマンドで1 ns毎に200 nsまでの時間について解析します。
.optionsはavan waves™と呼ばれる出力波形を観測するためのコマンドです。
.endはネットリストの終わりを表わします。

(注：avan waves™は、シノプシス社の登録商標です。)

図4　RC回路の動作特性(過渡応答)解析結果

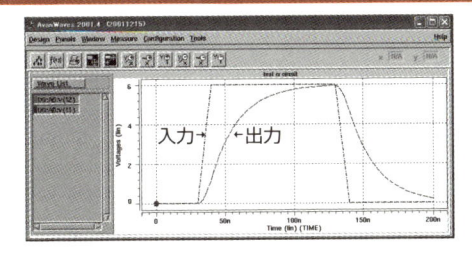

用語解説

アスタリスク(Asterisk)マーク：アスタリスクマークは放射線*のようなマークをさします。原語の意味は"小さい星"で、日本では星号、星印、スター、アステリスクとも呼ばれています。

66 CR発振器をSPICE®で解析すると

CR発振器の解析

CR発振器（非安定型マルチバイブレータ）は、自走発振する回路で、デジタル回路のクロックパルス発生源などに用いられます。今、汎用ロジック個別素子（4007UB）を用いた3段ゲートinhibit制御入力付CR発振器（図1参照）をSPICE®で解析してみましょう。ネットリストは次のようになります。

①回路：P-MOSのmp1は、ドレイン、ゲート、ソース、サブ基板の順で接続され、接続状態 mp1 t3 t1 t4 t10 とプログラムしますと、mp1のドレインが節点t3へ、ゲートがt1へ、ソースがt4へ、サブ基板が節点t10へ接続されます。また、N-MOSのmn1も同様で、接続状態 mn1 t3 t1 t5 0 とプログラムしますと、mn1のドレインが節点t3へ、ゲートがt1へ、ソースがt5へ、サブ基板が接地へ接続されます。なお、接続状態 xxxxx の後にある pm11、nm11 はMOSのモデル名で、そのモデル名のMOSの幾何学的パラメータ（半導体メーカから提供さ

れる値）を記述します（コラム⑧参照）。MOSによる回路接続を記述した後、発振用コンデンサC、抵抗Rなどの受動素子を接続記述します。

ネットリスト2、②電力供給：前項のRC回路と異なる点は、消費電流をみるためにゼロ電圧源vim1～vim3を挿入する点です。その他、電源、制御のためのinhibit制御入力への電圧供給などを記述します。

ネットリスト3、③MOSモデル：用いた4007UBの物理的パラメータを記述します（コラム⑧参照）。

ネットリスト4、④制御条件：ゼロ電圧源による電流値を求める記述を行ないます。その他については前項のRC回路と同じように記述します（図2参照）。

このようなプログラム作成によってCR発振器の動作特性が求められます（図3&4参照）。

要点BOX
●CR発振器のSPICE®を用いた動作解析には、①回路、②電力供給、③制御条件の他に、用いる能動素子のパラメータを入力する。

図1 CR発振器（非安定型マルチバイブレータ）

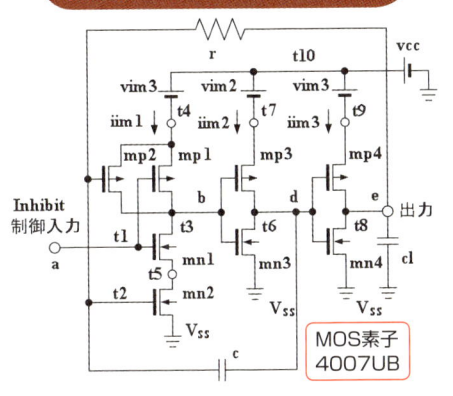

MOS素子 4007UB

図3 CR発振器の動作波形

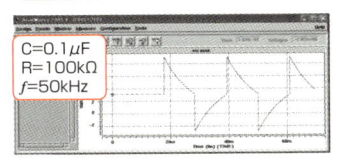

$C=0.1\mu F$
$R=100k\Omega$
$f=50kHz$

(a) 節点(t2)における波形

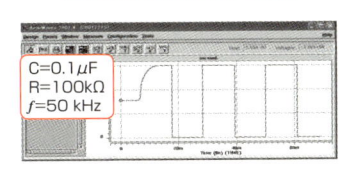

$C=0.1\mu F$
$R=100k\Omega$
$f=50\ kHz$

(b) 出力(t8)における波形

図2 CR発振器の動作特性解析ネットリスト

```
test OSC
*** Circuit ***
mp1 t3 t1 t4 t10 pmn11 l=6u w=1050u
+ad=9696p as=9696p pd=898u ps=898u
mp2 t3 t2 t4 t10 pmn11 l=6u w=1050u
+ad=9696p as=9696p pd=898u ps=898u
mn1 t3 t1 t5 0 nmn11 l=5.5u w=403u
+ad=7358p as=8500p pd=668u ps=828u
mn2 t5 t2 0 0 nmn11 l=5.5u w=403u
+ad=7358p as=8500p pd=668u ps=828u
mp3 t6 t3 t7 t10 pmn11 l=6u w=1050u
+ad=9696p as=9696p pd=898u ps=898u
mn3 t6 t3 0 0 nmn11 l=5.5u w=403u
+ad=7358p as=8500p pd=668u ps=828u
mp4 t8 t6 t9 t10 pmn11 l=6u w=1050u
+ad=9696p as=9696p pd=898u ps=898u
mn4 t8 t6 0 0 nmn11 l=5.5u w=403u
+ad=7358p as=8500p pd=668u ps=828u

cl t8 0 50p
rosc t6 t2 0.1u
rosc t8 t2 100k

*** Power Supply ***
vcc t10 0 dc 6
vim1 t10 t4 dc 0
vim2 t10 t7 dc 0
vim3 t10 t9 dc 0
vinl t1 0 dc 6

*** MOS model ***
.model nmn11 nmos (level=1 vto=1.43
+tox=1300e-10 uo=390 xj=2u ld=1.4u
+psub=1.5e16 kp=6.68u lambda=0.01)
.model pmn11 pmos (level=1 vto=-1.3
+tox=1300e-10 uo=145 xj=2u ld=1.4u
+nsub=1.1e15 kp=3.08u lambda=0.063)

*** Control ***
.tran 1u 70m
.meas tran iim1 avg i(vim1) from=0
+to=70m
.meas tran iim2 avg i(vim2) from=0
+to=70m
.meas tran iim3 avg i(vim3) from=0
+to=70m
.options post
.end
```

タイトル（わかりやすい名前を付けます。）
***はコメント（プログラムに無関係です。）

MOS名（mp1）ドレイン、ゲート、ソース、サブ基板の順に接続状態を表わします。つまり、mp1のドレインがt3に、ゲートがt1に、ソースがt4にサブ基板がt10に接続されます。次に、モデル名（pm11）、その後にMOS（pm11）の幾何学的パラメータを記述します。

MOS-mp2についてもMOS-mp1と同様な意味になります。以下、同様です。

出力端子に50 pFの負荷容量 cl を挿入します。
t6-t2間に発振用コンデンサcおよび、t8-t2間に発振用抵抗 r を接続します。

***はコメント（プログラムに無関係です。）
v_{cc}としてt10-接地間に直流 6 Vを印加します。
vim1としてt10-t4間にゼロ電圧源を挿入します。
vim2としてt10-t7間にゼロ電圧源を挿入します。
vim3としてt10-t9間にゼロ電圧源を挿入します。
vinl としてt1-接地間に直流 6 Vを印加します。

***はコメント（プログラムに無関係です。）
HSPICE®レベル1でのシミュレーションを行ないます。レベル数が増加しますと物理的パラメータが増加します。

***はコメント（プログラムに無関係です。）
.tran は、過渡解析の制御コマンドで 1 μs毎に70 msまでの時間について解析します。
.meas tran は、ゼロ電圧源 vim1に流れる電流の平均値を 0～70 msの範囲で出力します。以下、同様です。
.options post は、avan waves™と呼ばれる波形出力プログラムを見るためのコマンドで結果を表示します。
.end は、ネットリストの終わりを表わします。

（注）avan waves™は、シノプシス社の登録商標です。

図4 CR発振器の消費電力特性

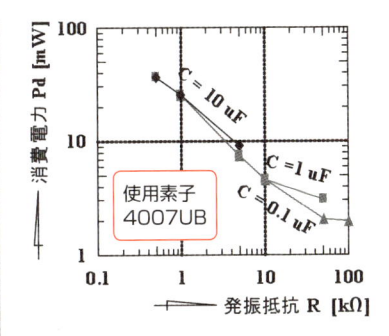

消費電力 Pd [mW]
発振抵抗 R [kΩ]
$C = 10\ uF$
$C = 1\ uF$
$C = 0.1\ uF$
使用素子 4007UB

用語解説

インヒビット（Inhibit）：抑止（回路）の意味で、この信号がアクティブですと動作が禁止され、状態の変化が禁止されます。ここでは、CR発振器を制御する意味で使われ、この信号が入ると発振を停止させます。

4007UB：汎用ロジック製品の一つで、6個のMOSトランジスタ（個別素子）を一つの外囲器に封入した電子部品です。米国 Texas Instruments 社、NXP Semiconductors（旧・フィリップス）などが製品化しています。

【参考文献】

(01) 鈴木八十二著、「ディジタル論理回路・機能入門」、日刊工業新聞社、2007年7月
(02) 鈴木八十二著、「集積回路 シミュレーション工学入門」、日刊工業新聞社、2005年4月
(03) 鈴木八十二著、「CMOS回路の使い方(I)&(II)」、工業調査会、1988年1月&1989年11月
(04) 鈴木八十二著、「超LSI工学入門」、日刊工業新聞社、2000年12月
(05) 鈴木八十二著、「CMOSデバイスの徹底入門」、電子科学ブルーブックス6、産報出版、1980年8月
(06) 鈴木八十二著、「CMOSの応用技法」、電子科学シリーズ71、産報出版、1976年11月
(07) 鈴木八十二、吉田正廣共著、「パルス・ディジタル回路入門」、電子科学シリーズ97、産報出版、2001年7月
(08) 鈴木八十二編著、「ディジタル音声合成器の設計」、日刊工業新聞社、1982年7月
(09) 鈴木八十二編著、「半導体MOSメモリとその使い方」、日刊工業新聞社、1990年8月
(10) 鈴木八十二、川原康夫共著、「CMOS・IC活用マニュアル」、オーム社、昭和58年12月
(11) 朝日広治、鈴木八十二共著、「ロジックIC回路の見方・書き方」、オーム社、昭和55年3月
(12) 鈴木八十二、「省エネルギー時代とエコデバイス」、第17回アナログVLSIシンポジウム・チュートリアル講演、電気学会 電子回路研究専門委員会 2013年4月26日、東工大
(13) 東芝セミコンダクター社編、「汎用ロジックIC」「わかる半導体入門①」(株)東芝セミコンダクターカンパニー、平成16年1月
(14) 藤井信生著、「ディジタル電子回路─集積回路時代─」、昭晃堂、昭和62年4月
(15) 山崎 傑著、「McMOS応用マニュアル」MOTOROLA、1973年1月
(16) Tomotaka Saito et al., "Advanced Super Integration., IEEE Proc., Fall Joint Computer Conference, p.1008-p.1013, Nov., 1986
(17) 携帯電話の歴史/年代流行：http://nendai-ryuukou.com/keitai/
(18) NTT技術資料館デジタルアーカイブ：http://www.hctecl.ntt.co.jp/digitalarchives/index.html

●著者略歴（五十音順）

鈴木　大三（すずき・たいぞう）

【略歴】
- 2006年03月　慶應義塾大学、大学院・理工学研究科・総合デザイン工学専攻（前期博士課程）修了
- 同年04月　凸版印刷株式会社入社、生産・技術・研究本部配属
- 2008年03月　同社　退職
- 同年04月　慶應義塾大学、大学院・理工学研究科・総合デザイン工学専攻（後期博士課程）入学、グローバルCOEプログラム「アクセス空間支援基盤技術の高度国際連携」共同研究員
- 2010年04月　日本学術振興会　特別研究員
- 同年09月　慶應義塾大学、大学院・理工学研究科・総合デザイン工学専攻「離散コサイン変換のリフティング実現とロッシー・ロスレス統合画像符号化への応用」で博士（工学）の学位を取得
- 同年12月　米国・カリフォルニア大学サンディエゴ校、電気・計算機工学部　訪問研究員
- 2011年04月　日本大学、工学部・電気電子工学科　助教　就任
- 2012年08月　同大学　退職
- 2012年09月　筑波大学、システム情報系・情報工学域　助教　就任

【その他】なし

鈴木　八十二（すずき・やそじ）

【略歴】
- 1967年03月　東海大学、工学部・電気工学科・通信工学専攻　卒業
- 同年04月　東京芝浦電気株式会社（現、（株）東芝）入社、機器事業部　配属
- 1971年07月　同社、半導体事業部（現：（株）東芝・セミコンダクタ＆ストレージ社）転勤　電卓、時計、汎用ロジック、メモリー、マイコン、車載用LSI、ゲートアレイ、オーディオ/テレビ用LSI、TAB（Tape Automated Bonding）の開発量産化等に従事
- 1973年02月　米国・フィラデルフィアにて開催された国際固体回路会議（ISSCC）でクロックドCMOS（$C^2MOS^®$）回路を用いた世界最初の電卓用$C^2MOS^®$－LSI論文を発表
- 1979年06月　全国発明表彰・発明賞　受賞
- 1982年03月　「クロックドCMOS（$C^2MOS^®$）大規模集積回路に関する研究」で工学博士の学位を取得
- 1990年10月　同社、電子事業本部・液晶事業部（現：（株）ジャパンディスプレイ社）転勤
- 1991年07月　NHK総合テレビ「電子立国・日本の自叙伝、第4部　電卓戦争」出演
- 1995年03月　（株）東芝　退職
- 1995年04月　東海大学、工学部・通信工学科　教授　就任
- 2010年03月　同大学　退職

【主な著書】
トコトンやさしいエコハウスの本」（2013）、「トコトンやさしいエコデバイスの本」（2012）、「よくわかるエコデバイスのできるまで」（2011）、「トコトンやさしい液晶ディスプレイ用語集」（2008）、「ディジタル論理回路・機能入門」（2007）、「集積回路シミュレーション工学入門」（2005）、「よくわかる　液晶ディスプレイのできるまで」（2005）、「トコトンやさしい液晶の本」（2002）、「パルス・ディジタル回路入門」（2001）、「液晶ディスプレイ工学入門」（1998）、「CMOSマイコンを用いたシステム設計」（1992）、「半導体メモリーと使い方」（1990）、（以上、日刊工業新聞社）、「ビギナーブック8・はじめての超LSI」（2000）、「最新 液晶応用技術」（1994）、「CMOS回路の使い方」（1988）（以上、工業調査会）、「ディジタル音声合成の設計」（1982）、「CRTディスプレイ」（1978）、（以上、産報出版）など多数

【その他】
経産省プロポーザル審査委員、NEDO開発機構審査委員、照明学会・電子情報機器光源に関する委員会委員長、光産業技術振興協会・ディスプレイ調査専門委員会委員長、SEMI部品・材料分科会会長、リードエグジビッションジャパン主催・ADY選考委員、日刊工業新聞社主催・国際新技術フェア・優秀新技術賞審査委員など歴任

今日からモノ知りシリーズ
トコトンやさしい
デジタル回路の本

NDC 549.3

2015年07月28日 初版1刷発行

ⓒ著者	鈴木大三	
	鈴木八十二	
発行者	井水 治博	
発行所	日刊工業新聞社	
	東京都中央区日本橋小網町14-1	
	(郵便番号103-8548)	
	電話 書籍編集部	03(5644)7490
	販売・管理部	03(5644)7410
	FAX 03(5644)7400	
	振替口座 00190-2-186076	
	URL http://pub.nikkan.co.jp/	
	e-mail info@media.nikkan.co.jp	
印刷・製本	新日本印刷(株)	

●DESIGN STAFF
AD──────志岐滋行
表紙イラスト────黒崎 玄
本文イラスト────カワチ・レン
ブック・デザイン ── 黒田陽子
　　　　　　　(志岐デザイン事務所)

●
落丁・乱丁本はお取り替えいたします。
2015 Printed in Japan
ISBN 978-4-526-07443-1 C3034

本書の無断複写は、著作権法上の例外を除き、
禁じられています。

●定価はカバーに表示してあります